秋叶:Word/Excel/PPT

办公应用

技巧宝典

秦阳——主编
张伟崇 刘晓阳 章慧敏——编著

U0199730

人民邮电出版社

北 京

图书在版编目（CIP）数据

秋叶：Word/Excel/PPT办公应用技巧宝典 / 秦阳主编；张伟崇，刘晓阳，章慧敏编著. -- 北京：人民邮电出版社，2020.11
ISBN 978-7-115-53877-2

Ⅰ．①秋… Ⅱ．①秦… ②张… ③刘… ④章… Ⅲ．①办公自动化－应用软件 Ⅳ．①TP317.1

中国版本图书馆CIP数据核字(2020)第070116号

内 容 提 要

　　本书共收录了 500 个 Office 办公应用技巧，并配有清晰的场景说明、图文详解、配套练习、视频演示，全方位教会读者如何操作软件，如何结合实际应用场景，合理使用软件功能，快速解决问题。

　　本书不但是全方位帮你掌握 Office 软件使用的秘籍，还是你案头常备的一本速查宝典，随时可以查阅使用，解决各种疑难杂症，助你成为职场达人！

◆ 主　　编　秦　阳
　　编　　著　张伟崇　刘晓阳　章慧敏
　　责任编辑　李永涛
　　责任印制　王　郁　马振武

◆ 人民邮电出版社出版发行　　北京市丰台区成寿寺路 11 号
　　邮编　100164　　电子邮件　315@ptpress.com.cn
　　网址　https://www.ptpress.com.cn
　　北京捷迅佳彩印刷有限公司印刷

◆ 开本：700×1000　1/16
　　印张：24.25　　　　　　　　　　2020 年 11 月第 1 版
　　字数：503 千字　　　　　　　　2020 年 11 月北京第 1 次印刷

定价：99.90 元

读者服务热线：(010)81055410　印装质量热线：(010)81055316
反盗版热线：(010)81055315
广告经营许可证：京东市监广登字 20170147 号

你真的精通 Office 吗?

各位读者好,我是老秦。

有这样一句话,在千万简历上,年年写、人人写,堪称 HR 公认的"简历中的废话排行榜第一名":

"我精通 Office 办公软件"。

但是,你真的精通 Office 吗?

你当然可以在简历上写"熟练掌握 Office 技能"甚至是"精通Office",前提是这事儿是真的。

请再次确认一下自己的 Office 技能:

会用 Excel 函数解决问题吗?

会用数据透视表吗?

会设计和打印公司通讯录吗?

会用 Word 排正式合同文稿吗?

会规范地使用公司的 PPT 模板吗?

……

很多人的回复都是:我不能,我不会,我做不到……于是结果只有一个……

所以,真正的"精通 Office 办公软件",不仅要知道软件怎么操作,还要知道如何结合实际应用场景,合理使用 Office 软件功能,快速解决办公中的各种问题。

在这个背景下,我们编写了本书。

》前言

基于以上初衷，在本书的编排上，我们也进行了精心的设计。

所有的技巧均分类编号，
方便快速查阅

随时扫码即可观看每个
技巧的配套操作视频

每个技巧配有对应的
场景描述，方便读者
联系实际，解决问题

系统性的步骤化详解，
图文搭配，标注清晰，
通俗易懂

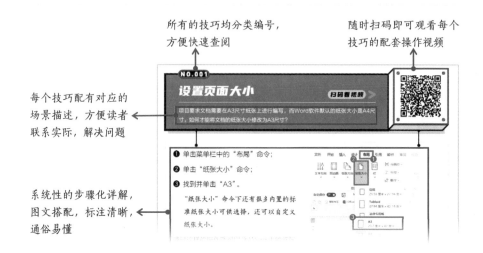

要真正学好 Office，只看书不动手是不行的，所以我们也为你准备了全书配套的素材。购买本书的你，切记要打开电脑，打开软件，一边阅读一边练习，真正将知识内化成你的能力！

关注微信公众号【老秦】（ID：laoqinppt）
并回复关键词"**配套**"
即可获取本书全部配套练习素材文件

全书共收录了 500 个技巧，涵盖 Office 的方方面面，希望本书可以成为全方位帮你掌握 Office 软件使用的秘籍，也可以成为你案头常备的一本速查宝典，在工作中随时可以查阅使用。

Office 其实是一个"通用技能"，没有特定的专业和岗位的限制，所以迟早可以在自己的任何岗位上有针对性地去运用这些通用能力为自己增加竞争砝码。世界变化太快，职业岗位对人的要求也在不断变化，而用扎实的通用技能对抗不确定性，方可保持持续的竞争力。当你迷茫中总是四处询问"我该学点什么"时，不如试着学点 Office，不论未来在什么岗位都能或多或少派上用场。

不要等到要用 Office 完成实际任务的时候，才告诉上级自己不会，才开始学习。

成功的路上并不拥挤，因为坚持的人并不多，不如从学一门通用知识或工具开始！

秦阳

秋叶职场联合创始人、微软 *Office* 认证导师

| 目录

目录

≫ 目录

第11章 | Word文档的打印

第2篇
Excel办公应用

第12章 | 数据收集与录入

第13章 | 表格制作与美化

第14章 | 表格查阅与浏览

第15章 | 页面设置与表格打印

第16章 | 数据整理和规范化

第17章 | 快速分析与数据透视表

目录

>> 目录

第28章｜表格处理技巧

第29章｜图表处理技巧

第30章｜动画处理技巧

>> 目录

第1篇 >>>
Word办公应用

NO.001

设置页面大小

扫码看视频 >

项目要求文档需要在A3尺寸纸张上进行编写，而Word软件默认的纸张大小是A4尺寸，如何才能将文档的纸张大小修改为A3尺寸？

❶ 单击菜单栏中的"布局"命令；

❷ 单击"纸张大小"命令；

❸ 找到并单击"A3"。

"纸张大小"命令下还有很多内置的标准纸张大小可供选择，还可以自定义纸张大小。

通过这样的操作就可以让 Word 中的纸张变为 A3 尺寸大小了。

NO.002

设置文档的文字方向

扫码看视频 >

经常可以见到从右往左阅读，尤其是竖版排版的出版物，那么如何在Word中设置并制作出相同的排版效果呢？

❶ 单击菜单栏中的"布局"命令；

❷ 单击"文字方向"命令；

❸ 单击"垂直"按钮。

通过这样的操作，就可以让 Word 中的文字输入方式变为竖排输入了。

NO.003

设置页面的页边距

扫码看视频 >

打印文件给领导，一张A4大小的打印纸，内容集中在页面正中很小的范围，四周空荡荡，被领导批评浪费纸张，该如何更大限度地利用页面放置更多的内容呢？

❶ 单击菜单栏中的"布局"命令。

❷ 单击"页边距"命令。

❸ 选择"窄"选项。

"页边距"命令下还有很多内置的页边距选项可供选择，若需要更为灵活的页边距，还可以使用自定义页边距功能进行设置。

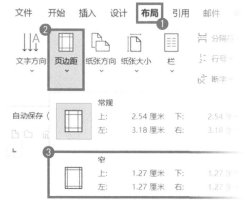

❹ 单击"自定义页边距"命令，进入页边距的设置对话框。

❺ 修改上、下、左、右四个边距的参数。

通过这样的操作就可以调整页边距提高页面的使用率，不用担心浪费纸张了。

NO.004
设置文档的页面方向
扫码看视频 >

从Excel中复制表格到Word中，往往会出现页面宽度不够，导致表格超出显示范围的情况，而Word默认的纸张方向为竖向，如何才能让Word纸张横向显示呢？

❶ 单击菜单栏中的"布局"命令；

❷ 单击"纸张方向"命令；

❸ 单击"横向"命令。

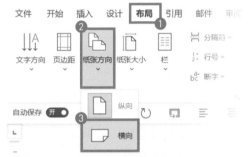

通过这样的操作可以将 Word 的纸张方向从纵向改为横向，让宽表格显示完整。

若页面高度无法满足你的需求，可以参照技巧 NO.001 修改页面尺寸。

若想要实现文档中既有横向页面又有竖向页面，可以参照技巧 NO.005 让文档横竖页面共存。

第一页↵   第二页   第三页↵

NO.005

让文档横竖页面共存

扫码看视频 >

在工作报告中往往需要展示数据表格，竖版页面不能很完整地显示表格内容，需要将表格所在页面更改为横向，而其他页面保持竖向该如何操作？

❶ 将光标定位在需要横向展示的内容前；

❷ 单击菜单栏中的"布局"命令；

❸ 单击"分隔符"命令；

❹ 单击"分节符 - 下一页"命令，将表格划分到新的页面；

❺ 重复上方❷❸❹步，将表格后面的内容划分到新的页面；

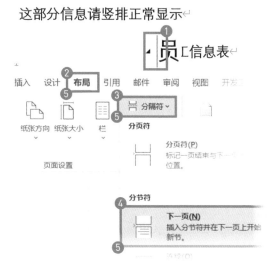

❻ 将光标定位到表格所在页面，单击"纸张方向"命令；

❼ 单击"横向"命令。

通过这样的操作就可以让表格所在页面单独设置为横向，其他页面仍然是竖向。

NO.006

为文档设置分栏排版

扫码看视频 >

领导让你制作一份公司宣传内刊，要做出报纸和杂志上那种两栏并排的排版效果，在 Word里面应该怎么做呢？

❶ 单击菜单栏中的"布局"命令；

❷ 单击"栏"命令；

❸ 单击"两栏"命令。

通过这样的操作可以让整个 Word 页面按照两栏并列的效果进行排版。

第一回·甄士隐梦幻识通灵·贾雨村风尘怀闺秀

　　此开卷第一回也。作者自云，因曾历过一番梦幻之后，故将真事隐去，而借"通灵"之说，撰此石头记一书也。故曰"甄士隐"云云。但书中所记何事何人，自又云，今风尘碌碌一事无成，忽

云云。乃是第一回题纲正义也。开卷即云"风尘怀闺秀"，则知作者本意原为记述当日闺友闺情，并非怨世骂时之书矣；虽一时有涉于世态，然亦不得不叙者，但非其本旨耳。阅者切记之。诗曰：

　　浮生着甚苦奔忙，盛席华筵终散场。悲喜千般同幻泡，古今一梦尽荒唐。谩

在"栏"命令下还有其他分栏选项，若想取消分栏，单击"一栏"命令；想要分三栏进行排版，单击"三栏"命令。此外还可以选择"偏左/偏右"命令调节两栏段落宽度。

想要获得更为灵活的分栏效果，单击"更多栏"命令，即可设置分栏参数。

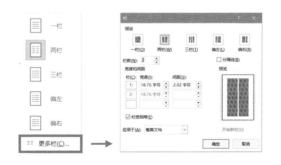

NO.007

将页面设置为稿纸

扫码看视频 >>

Word默认的页面都是空白的纸张，想要在Word中制作出信纸、稿纸等效果的纸张该如何操作？

❶ 在 Word 菜单栏中的单击"布局"命令；

❷ 单击"稿纸设置"命令；

❸ 在弹出的稿纸设置对话框中，更改"格式"为"方格式稿纸""行线式稿纸"或"外框式稿纸"；

❹ 修改行数 × 列数；

❺ 调整网格颜色；

❻ 修改纸张尺寸；

❼ 修改纸张方向；

❽ 设置稿纸的页眉和页脚及对齐方式。

通过以上操作即可将 Word 页面设置为信纸、稿纸的效果。

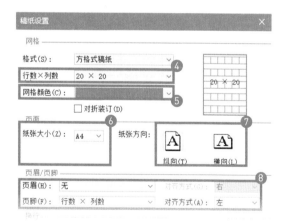

NO.008
修改页面的背景颜色

扫码看视频 >

Word页面的背景颜色默认是白色，长时间阅读很容易出现视觉疲劳，为了缓解视觉疲劳，该如何在Word中设置文档的背景色为护眼色呢？

❶ 在 Word 菜单栏中单击"设计"命令；

❷ 单击"页面颜色"；

❸ 在展开的颜色菜单中，选择"绿色，个性色6，淡色60%"。

通过这样的操作就可以让 Word 的页面颜色变为护眼色，若有其他颜色需求也可以自定义修改页面背景颜色。

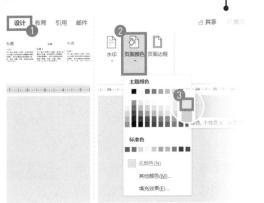

NO.009
为页面添加文字水印

扫码看视频 >

公司做了一份机密文档，为了保护文档，领导要求给文档所有页面添加"机密"水印，该如何操作呢？

❶ 在 Word 菜单栏中单击"设计"命令；

❷ 单击"水印"命令；

❸ 在下拉选项中单击"机密1"水印。

通过这样的操作就可以为文档添加文字水印了。

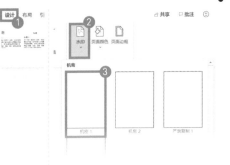

NO.010

为文档添加自定义水印

扫码看视频 >

部门领导要求让你把制作好的文档添加"业务部制作"的水印，软件内置的水印无法满足需求，该如何才能完成自定义的水印添加呢？

❶ 在 Word 菜单栏中单击"设计"命令。

❷ 单击"水印"命令。

　　Word 文档有自带的水印样式，若没有特殊的水印样式需求，可以直接单击喜欢的样式进行选择即可。

❸ 在下拉选项中单击"自定义水印"。

❹ 在弹出的对话框中选择"文字水印"。

❺ 在"文字"框中输入"业务部制作"。

❻ 其他参数保持默认设置，单击"确定"按钮。

　　水印可以更改"字体""字号""颜色"和"版式"。

通过这样的操作就能为文档添加自定义"业务部制作"的水印了。

NO.011
为文档添加图片水印

扫码看视频 >

公司制作了一个项目方案，为了体现本公司的特征，领导要求在页面中插入公司Logo图片作为水印，该怎么制作呢？

❶ 在 Word 菜单栏中单击"设计"命令；

❷ 单击"水印"命令；

❸ 在下拉选项中单击"自定义水印"；

❹ 在弹出的对话框中选择"图片水印"；

❺ 单击"选择图片"；

❻ 在弹出对话框中选择"从文件"；

❼ 选中公司 Logo 图片，单击"插入"按钮；

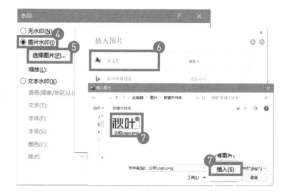

❽ 调整图片水印的缩放与冲蚀效果；

❾ 单击"确定"按钮。

通过这样的操作就可以把公司的 Logo 作为文档水印了。

NO.012

为奇偶页添加不同水印

扫码看视频 >

公司的文档制作要求奇偶页要使用不同的水印，可是一添加水印所有的页面都是一样的水印，那么该如何制作奇偶页不同的水印呢？

❶ 双击奇数页上方空白页面，进入页眉页脚编辑模式；

❷ 勾选"奇偶页不同"；

❸ 按技巧 NO.009，插入"机密"水印；

❹ 选中水印后复制；

❺ 将光标定位到偶数页，粘贴水印；

❻ 右键单击水印，选择"编辑文字"；

❼ 修改文本为"紧急"后确认。

通过这样的操作，就可以为奇偶页设置不同的水印了。

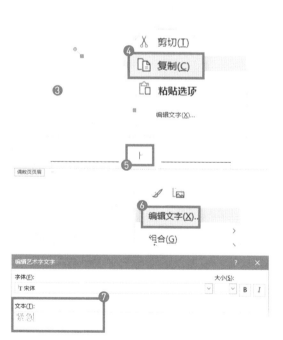

NO.013
为文档添加图片背景

扫码看视频 >

公司年会制作邀请函，想要用一张喜庆的图片作为邀请函的背景，直接插入图片调整起来非常麻烦，有没有更加简便的方法？

❶ 在 Word 菜单栏中单击"设计"命令；

❷ 单击"页面颜色"命令；

❸ 在展开的选项中，选择"填充效果"；

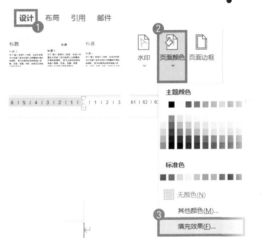

❹ 在弹出的对话框中单击"图片"；

❺ 单击"选择图片"；

❻ 单击"从文件"；

❼ 在弹出的对话框选中图片后，单击"插入"按钮；

❽ 确认图片示例后，单击"确定"按钮。

通过以上操作就能为文档添加图片背景。

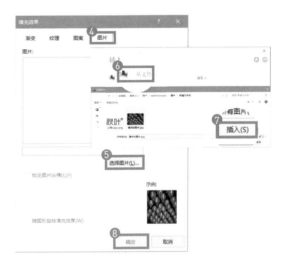

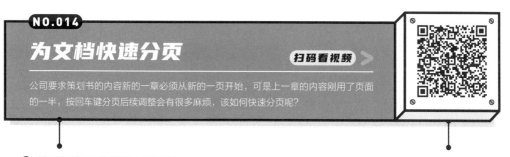

NO.014

为文档快速分页

扫码看视频 ＞

公司要求策划书的内容新的一章必须从新的一页开始，可是上一章的内容刚用了页面的一半，按回车键分页后续调整会有很多麻烦，该如何快速分页呢？

❶ 将鼠标光标定位到文档最后；

❷ 在 Word 菜单栏中单击 "布局" 命令；

❸ 单击 "分隔符"；

❹ 选择 "分页符"。

　　插入分页符的快捷操作为按 【Ctrl+Enter】组合键。

通过这样的操作可快速为文档进行分页。

NO.015

为文档快速制作封面

扫码看视频 >

项目策划书，项目报告等这些长文档一般都会要求制作一个美观的封面，该如何才能快速地制作出一份好看的封面呢？

❶ 单击菜单栏中的"插入"命令。

❷ 单击"封面"。

❸ 在展开的菜单中找到并单击合适的封面，即可在第一页插入封面。

本案例以"离子"封面为例。

❹ 根据自己的文档内容修改封面文本。

通过以上操作就可以为文档快速制作专业与美感兼具的封面了，重复上述操作可以替换封面。

NO.016

切换文字的输入状态

扫码看视频 >

只不过是想修改文档里面的错误内容，没想到一输入文字，后面的文字就被吞噬掉了，这到底是怎么回事，应该怎么解决？

❶ 右键单击文档最下方状态栏。

❷ 选择"改写－插入"。

此时状态栏会出现当前文档的文本输入状态，默认状态下显示的是"插入"。

❸ 单击对应的状态"改写/插入"。

"改写"状态下，新输入的文本会自动覆盖掉后面相同长度的文本，而在"插入"状态下新输入的文本才不会影响后面的内容。

NO.017

插入大量占位文本

扫码看视频 >

公司制作了一份文档模板，为了展示模板的排版效果，需要输入大量的文本进行占位展示，如何才能在短时间内找到并输入大量文本呢？

以输入 5 段文本，每段 6 句话为例。

❶ 在文档中输入 =rand(5,6)。

这里所使用的括号、逗号均为英文状态下的符号，是代码的一部分，中文符号不起作用。

❷ 在段落末尾按【Enter】键。

能快速输入 5 段，每个段落 6 句话的文本内容，=rand(a,b) 解析：a 代表段落数，b 代表段落中的句子数。

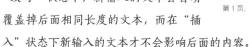

❶ =rand(5,6)↵ ❷ Enter

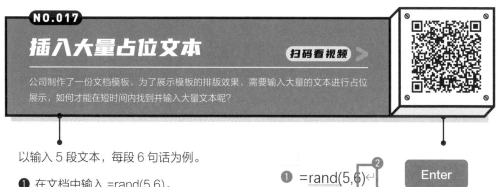

NO.018

使用语音输入内容

扫码看视频 >

如今语音输入已经非常常见，但是市面上语音输入软件要么识别率低，要么需要付费使用，如何才能在Word中使用语音输入呢？

❶ 在菜单栏中单击"开始"命令；

❷ 找到"语音"模块，单击"听写"命令；

❸ 当"听写"按钮变为右图所示时，说明已经打开听写模式；

❹ 对着麦克风说话即可进行语音输入。

在"听写"功能的下拉菜单中可以更改语音输入的语言。

NO.019

插入当前日期和时间

扫码看视频 >

在制作合同或其他需要明确时间标注的文档时往往需要输入当前的日期和时间，如何才能更加快速地在Word中输入当前的日期和时间呢？

❶ 单击菜单栏中的"插入"命令；

❷ 在"文本"模块找到并单击"日期和时间"命令；

❸ 在弹出的对话框中选择正确的格式，如"2020年1月23日"；

❹ 单击"确定"按钮。

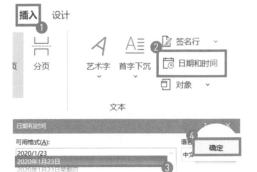

NO.020

快速输入公司发票信息 扫码看视频 >

在制作文档时，经常会有一些需要重复输入的内容，比如公司名称、地址信息等，在Word中该如何才能避免每次都要完整地重新输入呢？

❶ 单击 Word 菜单栏中的"文件"命令；

❷ 在新的界面中单击"选项"命令；

❸ 在弹出的对话框中单击"校对"；

❹ 单击右侧的"自动更正选项"；

❺ 在"替换"框中输入"税号"；

❻ 在"替换为"框中输入"纳税人识别号"；

❼ 单击 "添加"按钮；

❽ 单击"确定"按钮。

返回 Word，输入"税号"，软件就会自动将公司纳税人识别号输入。

NO.021

为生僻字添加注音

扫码看视频 >

在阅读文档的时候往往会遇到一些不认识的生僻字，不知道该怎么读，在不用搜索的情况下，如何才能快速找到这个字的读音呢？

这里以"耄耋 饕餮"为例。

❶ 选中需要添加注音的文本。

❷ 单击 Word 菜单栏中的"开始"命令。

❸ 在字体菜单栏中单击"文"。

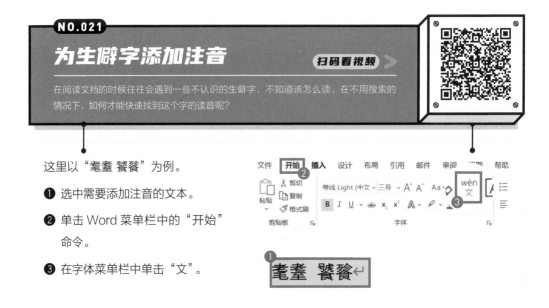

❹ 在弹出的"拼音指南"对话框的预览中可以看到注音后的效果。

❺ 可以修改注音的对齐方式为"居中"，让注音更紧凑。

在"拼音指南"对话框中还可更改注音的字体、字号、偏移量等参数以获得个性化的注音效果。

❻ 单击"确定"按钮。

通过这样的操作就能为生僻字注音。

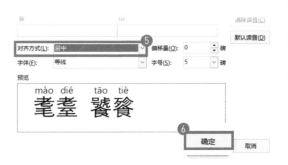

NO.022

快速插入特殊符号

扫码看视频 >

在制作文档的时候，为了更清晰直观，往往用一些图标或特殊符号来代替文字，比如用"☎"代替"电话"，用"✉"代替"邮箱"，该如何快速插入这些符号呢？

❶ 单击菜单栏中的"插入"命令。

❷ 在"符号"模块找到并单击"符号"命令。

❸ 在菜单中单击"其他符号"。

❹ 在弹出的"符号"对话框中将"字体"更改为"wingdings"。

除了"*Wingdings*"，还有"*Webdings*" "*Wingdings2*" "*Wingdings3*"，均能找到特殊符号。

❺ 选择合适图标后，单击"插入"按钮。

通过这样的操作就能完成特殊符号的插入。

NO.023

插入打钩打叉的复选框

扫码看视频 >

在制作Word电子表单的时候，如果想要在文档中插入只要单击就能打钩的复选框该怎么做呢？

❶ 单击菜单栏中的"开发工具"命令；

❷ 在"控件"模块找到并单击"复选框内容控件"插入到文档中；

❸ 单击"属性"命令；

❹ 在弹出的对话框中找到并单击"选中标记"的"更改"按钮；

❺ 在弹出的"符号"对话框中选中"打钩"符号；

❻ 单击"确定"按钮；

❼ 退出对话框后再次单击"确定"按钮。

通过以上操作，就可以在文档中实现单击方框自动打钩的操作了。

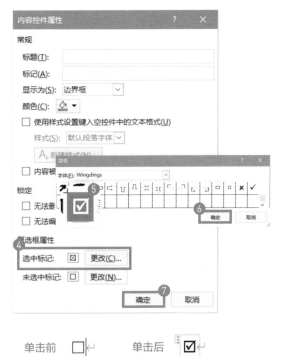

NO.024

在文档中插入下拉列表

扫码看视频 >>

在制作Word电子表单的时候，想要在文档中插入可以快速选择输入内容的下拉列表该怎么办呢？

❶ 单击菜单栏中的"开发工具"命令；

❷ 在"控件"模块找到并单击"下拉列表内容控件"插入到文档中；

❸ 单击"属性"命令；

❹ 在对话框中单击"添加"按钮；

❺ 在弹出对话框中的"显示名称"框中输入选项后确定；

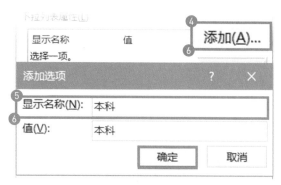

❻ 重复❹❺两步的操作，至添加完成；

❼ 单击"内容控件属性"对话框中的"确定"按钮。

通过以上的操作，就可以在文档中实现通过下拉列表选择填入内容了。

NO.025

在文档中插入常用图文

扫码看视频 >

在制作文档的时候有一些图文内容需要重复输入，图片和文本需要用到不同的方式进行输入，每一次都要花很多时间，有没有更加方便快捷的方法呢？

❶ 在文档中输入图文内容并选中；

❷ 单击菜单栏中的"插入"命令；

❸ 单击"文档部件"；

❹ 单击选择"将所选内容保存到文档部件库"；

❺ 在弹出的"新建构建基块"对话框中修改"名称"为"PPT"；

❻ 单击"确定"按钮；

❼ 输入"PPT"后按【F3】键。

通过以上操作就能完成常用图文的插入。

NO.026

在文档中插入数学公式

扫码看视频 >

在理工科论文或学术报告中，经常需要输入函数或公式，在Word中如何才能快捷地插入公式呢？

这里以输入自由落体高度公式为例。

❶ 单击菜单栏中的"插入"命令。

❷ 找到并单击"公式"。

❸ 在展开菜单中选择"插入新公式"。

此时 Word 会进入公式编辑状态。

❹ 在公式输入框中输入"h="。

❺ 单击"分式"-"分式（竖式）"。

❻ 在上下两框中分别输入 1、2 并按键盘中的【→】键。

❼ 单击"上下标"-"上标"。

❽ 第一个框输入"gt"，第二个框输入"2"。

注意：计量单位符号、特殊函数符号等需要用正体，变量物理量符号等用斜体。

通过以上操作就可以在文档中插入公式。

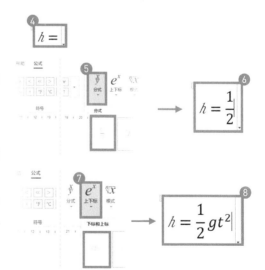

NO.027
快速选择文本

扫码看视频 >

选择文本，往往都是直接单击鼠标后拖曳完成，但Word有很多快捷选中文本的技巧，比如快速选中一行文本，快速选中一句文本，以及快速选中一整段文本。

快速选中一行文本。

❶ 将鼠标指针移动到纸张最左侧，此时鼠标指针将从指向左变为指向右。

❷ 单击鼠标左键，会选中鼠标指针平行的一整行。

快速选中一句话。

❸ 按住【Ctrl】键。

❹ 单击该句话任意位置，即可选中整句文本。

快速选中一整段文本。

❺ 在段落任意位置三击鼠标左键，即可选中整个段落。

快速选中连续的文本。

❻ 将光标定位到所选文本的开头。

❼ 按住【Shift】键。

❽ 单击所选文本的末尾即可。

NO.028

竖向选中文字

扫码看视频 >

有些文档的每一个段落前都有一个固定长度的前缀，想要删除它们一般就是一个一个选中然后删除，有没有更快捷的方法可以一次性删除呢？

这里以带有时间戳的歌词为例。

❶ 按住【Alt】键；

❷ 单击鼠标左键后不松手，向右下方拖动，直至最后一个时间戳；

❸ 按键盘上的【Delete】键。

通过以上操作就能竖向选中和删除内容。

NO.029

复制粘贴不连续文本

扫码看视频 >

领导让你把文档中重点标注的文本复制粘贴到一起，除了一个一个复制粘贴之外，有没有更快捷的解决方案？

❶ 选中需要复制的第一部分内容；

❷ 按住【Ctrl】键不松手；

❸ 依次选中剩下的文本内容；

❹ 按快捷组合键【Ctrl+C】复制内容；

❺ 定位到需要粘贴的位置，按快捷组合键【Ctrl+V】粘贴内容。

通过以上操作就能完成不连续文本的复制和粘贴。

NO.030

为重点内容添加着重号

扫码看视频 >

领导让你把文档中重要的文本添加着重号用以强调，只会添加下划线的你该怎么办？

❶ 选中需要添加着重号的内容；

❷ 按快捷组合键【Ctrl+D】打开对
   话框；

❸ 将"着重号"的"无"改为"·"；

❹ 单击"确定"按钮。

通过以上操作就能为文本添加着重号。

NO.031

为内容添加双重下划线

扫码看视频 >

领导让你把文档中重要的文本添加双重下划线加以强调，只会添加单条下划线的你该
怎么办？

❶ 选中需要添加双重下划线的内容；

❷ 按快捷组合键【Ctrl+D】打开对
   话框；

❸ 将"下划线线型"状态改为"="；

❹ 单击"确定"按钮。

通过以上操作就能为文本的有关内容
加上双重下划线。

NO.032

为文本添加删除线

扫码看视频 ＞

提示文档中有内容删改，可先给原内容添加删除线，然后在后面修改内容，删除线也用在日程管理上，每完成一项就可以用删除线标注，但是该如何添加删除线呢？

❶ 选中需要添加删除线的内容；

❷ 单击Word菜单栏中的"开始"命令；

❸ 单击"字体"模块的"删除线"。

通过以上操作就能为文本添加删除线。

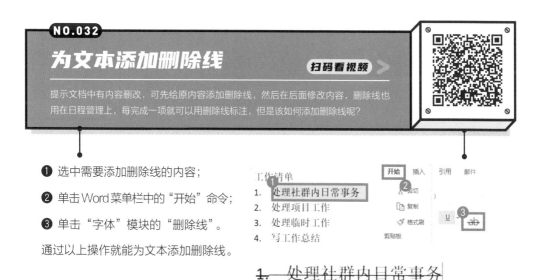

NO.033

批量修改英文的大小写

扫码看视频 ＞

为了更快地输入英文内容，很多人都是在小写状态下输入英文单词的，但是要求每句英文的首字母大写该怎么办呢？

❶ 选中需要更改大小写的内容；

❷ 在 Word 菜单栏中单击"开始"命令；

❸ 单击"Aa"；

❹ 单击"句首字母大写"命令。

通过这样的操作就可以实现英文句首字母大写的效果。

NO.034

修改英文的全/半角状态

扫码看视频

从网上复制的文本内容粘贴到Word中，会出现英文和阿拉伯数字变得很宽的情况，比如：ABCD变成了ＡＢＣＤ，该如何才能解决这个问题呢？

❶ 选中出现异常的内容；

❷ 在Word菜单栏中单击"开始"命令；

❸ 单击"Aa"；

❹ 在展开的菜单中单击"半角"。

通过这样的操作就可以把出现问题的英文或阿拉伯数字变为正常状态。

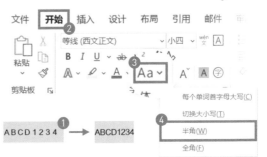

NO.035

调整单位符号的上下标

扫码看视频

计量单位中经常会有平方米m^2，立方米m^3，化学式中也会有H_2O，CO_2这样需要使用上下标的内容，如何才能做出上下标的效果呢？

以化学式 H_2O 为例。

❶ 在文档中输入 H2O，并选中 2；

❷ 在菜单栏中单击"开始"命令；

❸ 找到并单击"X_2"命令。

通过以上操作就可以将 H2O 转换为 H_2O。

上标只需在步骤❸中更换"X_2"为"X^2"，

上下标的快捷键分别是【Ctrl+=】和

【Ctrl+Shift+=】。

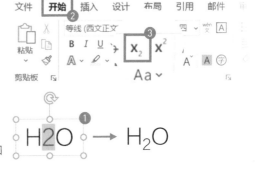

NO.036

清除文本下的波浪线

扫码看视频 ≫

在制作文档的时候，可以看到有的文字下方会出现蓝色的双划线或红色的波浪线，让人很不舒服，该如何去掉它们呢？

❶ 单击菜单栏中的"文件"命令；

❷ 在新界面上单击"选项"；

❸ 将菜单切换到"校对"；

❹ 取消勾选"键入时检查拼写"和"键入时标记语法错误"。

通过以上操作就能清除文本下的波浪线。

NO.037

调整文本的字符宽度

扫码看视频 ≫

在制作与会人员名单表的时候，要求所有人的姓名前后对齐，但是姓名的长短不一，有两个字的、三个字的，甚至四个字的，这个时候该怎么办呢？

❶ 选中需要调整宽度的文字；

❷ 单击"开始"命令；

❸ 单击"中文版式 – 调整宽度"；

❹ 在对话框中输入姓名中最长的字符数；

❺ 单击"确定"按钮。

通过以上操作就能快速调整字符宽度。

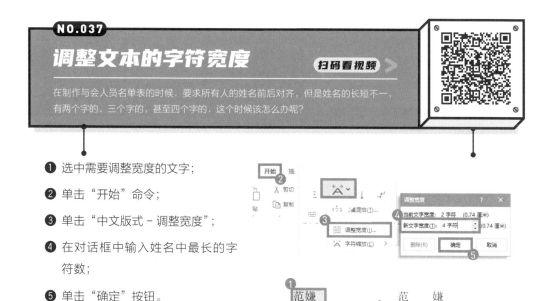

NO.038
快速复制文本格式

扫码看视频 >

文本的格式设置参数相当复杂，包含了字体、字号、颜色、粗细、倾斜等，如果要对大量文本进行相同的格式设置，相当耗费时间，有没有方法能更加高效地完成？

❶ 选中已经设置好格式的文本；

❷ 单击"开始"-"格式刷"，此时鼠标指针将变成刷子形态；

❸ 选中需要设置格式的文本。

双击"格式刷"可以进行连续的刷取复制格式。

NO.039
将数字转换为大写格式

扫码看视频 >

财务类的文档中经常要使用大写人民币格式的数字，这些文字输入起来相当麻烦，有没有方法可以让阿拉伯数字直接转换为大写人民币的格式呢？

❶ 选中需要转换的阿拉伯数字；

❷ 单击菜单栏中的"插入"命令；

❸ 单击"编号"；

❹ 在弹出的对话框中选择格式"壹贰叁"；

❺ 单击"确定"按钮。

通过以上操作就能快速转换数字格式。

NO.040

让Word翻译英文文本

扫码看视频 >

在阅读英文文档时，可能会遇到不容易理解的句子，这个时候就需要借助翻译软件来完成英文译汉的操作，那Word里面能否实现英文翻译的功能呢？

❶ 选中需要翻译的英文文本；

❷ 单击"审阅"；

❸ 单击"翻译 – 翻译所选内容"，软件右侧会自动弹出"翻译工具"；

❹ 修改"源语言"和"目标语言"，软件会自动识别选中文本的源语言，而默认的目标语言则是简体中文，所以这里不用修改；

❺ 单击"插入"按钮。

通过以上操作就能完成英文翻译。

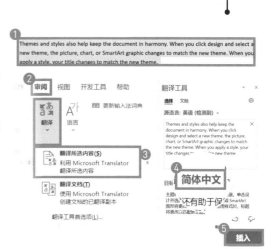

NO.041

用Word查找同义词

扫码看视频 >

在编写英文文档的时候，为了体现高级感，可以将基础词汇替换为同义的高级词汇，这个时候，如何用Word帮助你实现呢？

❶ 选中需要替换同义词的英文文本；

❷ 单击"审阅"；

❸ 单击"同义词库"；

❹ 在右侧弹出的同义词库中，右键单击同义词，选择"插入"。

31

NO.042

让Word朗读文档内容

扫码看视频 >

长时间阅读文档会造成眼疲劳，这个时候如果有语音助手朗读给你听就好了，其实Word中就有这样的一个功能可以帮你实现。

❶ 单击菜单栏中的"审阅"命令；

❷ 单击"大声朗读"命令。

　软件就会开始帮你朗读文档。在大声朗读设置中有两女一男三种不同的语音供你选择，还可以调整朗读的倍速。

NO.043

调整段落的对齐方式

扫码看视频 >

为了调整段落的对齐方式，很多人都是敲空格进行处理的，这样操作虽然方便，但会给后续的内容调整带来不便，其实在Word中可以更加快速地调整对齐方式。

❶ 如果需要段落整体左端对齐，则单击"左对齐"命令；

❷ 如果需要段落整体右端对齐，则单击"右对齐"命令；

❸ 如果需要段落整体居中对齐，则单击"居中"命令；

❹ 如果需要段落整体左右两端都对齐，则单击"两端对齐"命令；

❺ 如果需要未满一行的段落占满整行，则单击"分散对齐"命令。

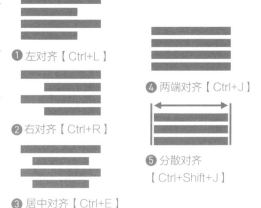

❶ 左对齐【Ctrl+L】

❷ 右对齐【Ctrl+R】

❸ 居中对齐【Ctrl+E】

❹ 两端对齐【Ctrl+J】

❺ 分散对齐【Ctrl+Shift+J】

NO.044
设置段落首行空两格

扫码看视频 >

进行中文文档制作的时候，会要求段落开头空两格，很多人都是通过敲空格完成的，其实Word中已经内置了可以快速实现的方法。

将光标置于段落任意位置：

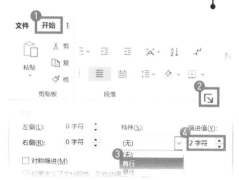

❶ 单击菜单栏中的"开始"命令；

❷ 单击段落模块右下角的扩展箭头，打开段落设置对话框；

❸ 将"缩进"模块"特殊"选框的"无"改为"首行"；

❹ 软件默认的首行缩进参数即为2字符，强制修改单位参考技巧NO.047。

NO.045
设置文字悬挂缩进

扫码看视频 >

一些特殊编号如：❶❷❸无法直接通过编号功能输入，只能手工输入，这种编号的段落，编号下方往往都会出现文字，如何才能让第二行文字与第一行的文字对齐呢？

将光标置于段落任意位置：

❶ 单击菜单栏中的"开始"命令；

❷ 单击段落模块右下角的扩展箭头，打开段落设置对话框；

❸ 将"缩进"模块"特殊"选框的"无"改为"悬挂"；

❹ 修改缩进值为"2字符"，编号后有空格则输入"2.5字符"。

通过以上操作就可以实现文字对齐。

NO.046
用标尺设置段落缩进

扫码看视频 >

很多人不知道Word文档上方带有刻度的小部件是干什么用的，它的名字叫标尺，可以帮助我们直观且快速地调整段落缩进的效果。

❶ 标尺上灰色的区域对应的是左右页边距，白色区域则是文字输入区域；

❷ 标尺上面有四个小滑块，左边从上到下有三个滑块，它们分别是：首行缩进、悬挂缩进和左缩进，最右边的滑块则是右缩进；

❸ 移动首行缩进滑块，调整的是段落第一行的文字缩进；

❹ 单独移动悬挂缩进和移动左缩进滑块效果相同，需要搭配首行缩进使用；

❺ 单独移动左缩进滑块，调整的是段落左端的缩进效果；

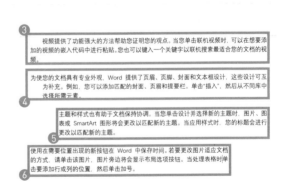

❻ 单独移动右缩进滑块，调整的是段落右端的缩进效果。

若界面中没有标尺，可以在视图选项卡下勾选"标尺"将其调出。

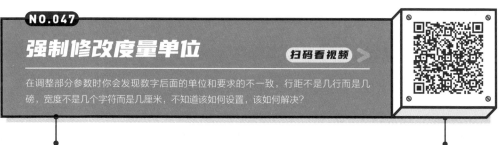

NO.047
强制修改度量单位

扫码看视频 >>

在调整部分参数时你会发现数字后面的单位和要求的不一致，行距不是几行而是几磅，宽度不是几个字符而是几厘米，不知道该如何设置，该如何解决？

修改段落缩进值的度量单位：

❶ 单击菜单栏中的"开始"命令；

❷ 单击段落模块右下角的扩展箭头，打开段落设置对话框；

❸ 直接在间距的参数框中输入 X 字符或 X 厘米即可。

修改间距的度量单位：

直接在缩进的参数框中输入 X 行或 X 磅就可以了。

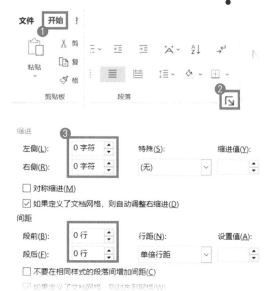

修改字符宽度的度量单位：

❶ 单击"开始"命令；

❷ 单击"中文版式 – 调整宽度"；

❸ 在参数框中直接输入 X 字符或 X 厘米。

通过以上操作就可以强制修改度量单位。

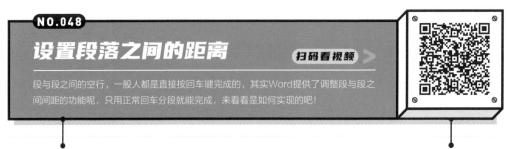

NO.048

设置段落之间的距离

扫码看视频

段与段之间的空行，一般人都是直接按回车键完成的，其实Word提供了调整段与段之间间距的功能呢，只用正常回车分段就能完成，来看看是如何实现的吧！

❶ 单击菜单栏中的"开始"命令；

❷ 单击段落模块右下角的扩展箭头，打开段落设置对话框；

❸ 修改段后的参数为"1行"；

❹ 单击"确定"按钮。

完成上述操作后，在 Word 中按回车键就可以看到段与段之间自动空出一行。

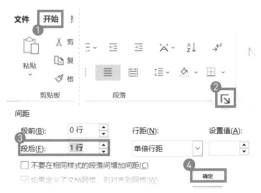

NO.049

设置段落内的行距

扫码看视频

段落之间的距离可以通过段前段后调节，段落中的各行文字之间的距离则需要用行距进行调节。

将鼠标光标定位在目标段落任意位置：

❶ 单击菜单栏中的"开始"命令；

❷ 单击段落模块右下角的扩展箭头，打开段落设置对话框；

❸ 修改"行距"下方的选项。

距默认为单倍，还可选择 1.5 倍、2 倍行距，其他的行距选项均需要手动输入数值确定。

NO.050

设置段落的制表位

扫码看视频 ＞

制作节目单的时候，需要将节目名称、类别、参演人分成三列进行对齐，一般人只会按空格键去完成，如果后期需要修改也会很困难，有没有更快的方法可以解决？

❶ 选中所有的节目、节目类别与参演人；

❷ 单击菜单栏中的"开始"命令；

❸ 单击段落模块右下角的扩展箭头，打开段落设置对话框；

❹ 单击左下角的"制表位"；

❺ 在弹出对话框的"制表位位置"栏中输入"14 字符"；

❻ 单击"设置"按钮，完成第一个制表位的添加；

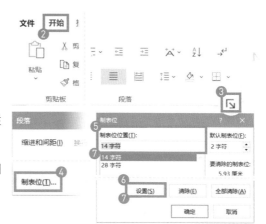

❼ 重复❺❻步的操作，在"28 字符"处添加第二个制表位；

❽ 将光标放在"节目名"之后，按【Tab】键；

❾ 将光标放在"节目类别"之后，按【Tab】键。

重复❽❾操作完成所有节目单的对齐。

NO.051

设置段落的分页

扫码看视频 >

除了使用技巧NO.014快速为文档分页之外，还有一种不用添加分页符的方法可以实现段落的分页。

将鼠标光置于段落中任意位置：

❶ 单击菜单栏中的"开始"命令；

❷ 单击段落模块右下角的扩展箭头，打开段落设置对话框；

❸ 切换到"换行和分页"；

❹ 勾选"段前分页"。

确定后，段落会自动移动到新一页中。

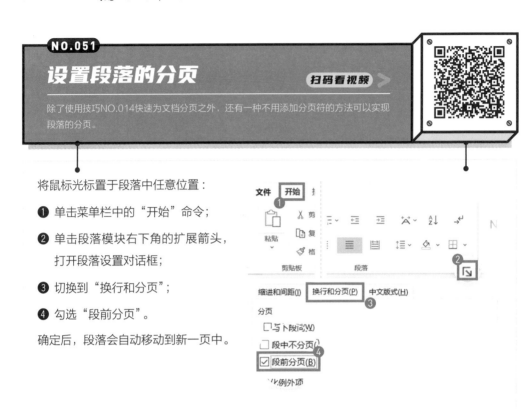

NO.052

将两行文本合并成一行

扫码看视频 >

经常可以看到有些公文的抬头是两个机构/组织联合发出的文件，有没有好奇过是怎么制作出来的？

❶ 在需要双行合一的文本之间插入一个空格，并选中文本；

❷ 单击"开始"-"中文版式"-"双行合一"；

❸ 预览效果后，单击"确定"按钮。

通过以上操作就能实现双行合一效果。

NO.053

实现英文单词自动换行

扫码看视频 ＞

英文不像中文，单词长短不一在排版上就会存在很多问题，在英文排版中使用两端对齐，会导致单词间空格大小不一，如何才能解决这个问题呢？

将光标放在需要调整的段落中：

❶ 单击菜单栏中的"开始"命令；

❷ 单击段落右下角的扩展箭头，打开段落设置对话框；

❸ 切换到"中文版式"；

❹ 勾选"允许西文在单词中间换行"。

确定后，英文单词间距都会变得一致。

NO.054

对英文文献进行排序

扫码看视频 ＞

在撰写论文的时候，如果参考文献是英文，往往会要求文献要按照首字母进行排序，排序在Excel中很简单，但是在Word中该如何实现呢？

❶ 选中需要排序的参考文献段落；

❷ 单击菜单栏中的"开始"命令；

❸ 单击"排序"命令；

❹ 在"排序文字"对话框修改排序类型为"拼音"和"升序"。

确认后，参考文献就会按照首字母 A ~ Z 的顺序进行排序了。

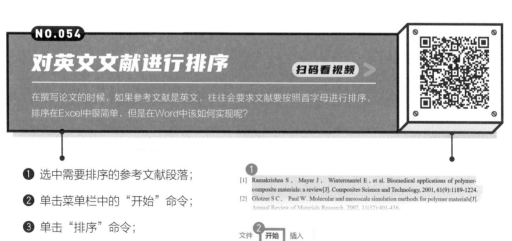

NO.055

显示和隐藏编辑符号

扫码看视频 >

同事发来的文件，打开之后除了文字之外，还有很多奇奇怪怪的符号，自己平时插入空格也会变成小点，这到底是怎么回事，该如何处理？

除了标点符号之外，还有编辑标记，比如制表符、分页符、分节符等，这些编辑标记默认都是不可见的，除非：

❶ 在菜单栏中单击"开始"命令；

❷ 单击段落模块的"显示/隐藏编辑标记"命令。

通过这样的操作就可以让平时不可见的编辑标记显示出来。

NO.056

应用样式快速美化文档

扫码看视频 >

制作文档时我们需要对不同级别的段落设置不一样的格式，如果每一次都做一次完整的操作，会耗费很多时间，有没有方法能帮助我们快速完成复杂格式的设置呢？

这要用样式这个集文字格式、段落格式、大纲级别、编号等为一体的功能。

❶ 将光标置于标题段落任意位置；

❷ 在菜单栏中单击"开始"命令；

❸ 单击任意一个样式就能实现格式的快速设置。

长文档一般有章、节、小节三级对应使用标题1、标题2、标题3样式。

NO.057
为样式设置快捷键

扫码看视频 >

为段落设置样式来统一效果虽然方便，但是在每操作一次都得鼠标移动到右上角单击一次，实在有点麻烦，如果把它们都设置成快捷键就好了！

以标题 1 样式为例：

❶ 右键单击标题 1 样式，选择"修改"；

❷ 在样式对话框中单击"格式 - 快捷键"；

❸ 在"请按新快捷键"框中按下你想要的快捷键，比如【Ctrl+1】；

❹ 单击"指定"按钮；

❺ 返回到样式对话框，单击"确定"按钮。

通过以上操作就能为样式自定义快捷键。

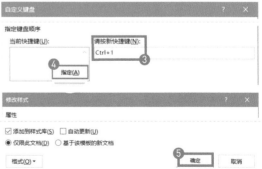

NO.058

批量更新段落格式

扫码看视频 >

如果对某一样式下的段落格式不满意想要更改一下，是不是每一个段落都更改一次呢？其实不用，也不必打开修改样式的对话框，用下面这个方法简单三步就搞定！

以应用了"标题2"样式的段落为例：

❶ 手动修改任意一个应用了"标题2"样式段落的文本颜色为红色；

❷ 在"开始"菜单栏下，右键单击"标题2"样式，选择"更新标题2以匹配所选内容"。

通过以上操作，所有应用了标题2样式的段落都会同步修改完成。

NO.059

用样式集让文档更专业

扫码看视频 >

Word默认的样式在美观程度上并不占优势，想要让已经设置好样式的文档排版显得更加专业，该如何快速完成？

❶ 单击菜单栏中的"设计"命令；

❷ 在"文档格式"模块中选择任意一个样式集。

鼠标移动到对应的样式集时，文档内容会自动显示预览，方便大家选择。

通过以上操作就能快速让文档专业化。

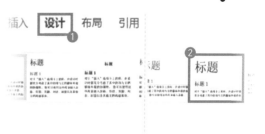

NO.060

显示未使用的样式

扫码看视频 >

长文档的编写要求使用标题1、标题2、标题3样式，但是我在样式框里只找到了标题1、标题2，并没有看到标题3，这该怎么办啊？

这个问题就涉及样式的显示和隐藏了，软件默认会推荐显示常用的样式，而对一些样式进行隐藏。

只有触发了某一条件才会显示出来，比如"标题3"样式，就只有在文档应用了"标题2"样式之后才会显示。

如果想修改样式的显示类别，可以按照如下操作进行：

❶ 单击菜单栏中的"开始"命令；

❷ 单击"样式"模块右下角的扩展箭头；

❸ 在弹出的对话框中单击"管理样式"；

未应用"标题2"样式

应用"标题2"样式

❹ 切换到"推荐"；

❺ 选中"标题3"样式；

❻ 单击下方的"显示"按钮；

❼ 单击"确定"按钮。

通过以上操作就可以让"标题3"样式始终显示在样式框中了。

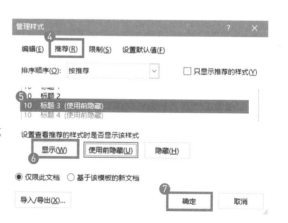

NO.061

从其他文档中导入样式

扫码看视频 >

同事发来一个设置好样式的文档，如何才能将这些样式从他的文件中批量导入我的文件里，而不用手动一个个参照着修改？

❶ 单击菜单栏中的"开始"命令；

❷ 单击"样式"模块右下角的扩展箭头；

❸ 在弹出的对话框中单击"管理样式"；

❹ 在弹出的对话框中单击"导入/导出"按钮；

❺ 在弹出的对话框中，单击位于右侧的"关闭文件"按钮，然后单击"打开文件"按钮；

❻ 将文件类型从"所有 Word 模板"改为"所有 Word 文档"；

❼ 找到目标文件后确定打开；

❽ 按住【Ctrl】键选中右侧对话框中想要复制的样式；

❾ 单击"复制"按钮。

通过以上操作就能将目标文档的样式复制到当前文档中。

NO.062

快速搭建文档框架

扫码看视频 >

在普通视图下输入文字，还需要来回单击样式来设置段落的格式，有没有什么方法可以输入文字的时候自动应用样式？

❶ 单击菜单栏中的"视图"命令。

❷ 单击"大纲"将"页面视图"切换到"大纲视图"。

❸ 在大纲视图下输入文本，文本的大纲级别默认就是 1 级。

软件会自动为 1 级大纲套用"标题 1"样式，2 级大纲则会套用"标题 2"样式，以此类推。

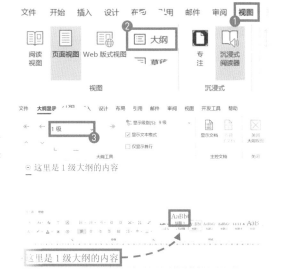

❹ 如果需要调整内容的大纲级别，单击左上角的箭头即可进行调整。

降低级别的快捷键是【Tab】，提高级别的快捷键是【Shift+Tab】。

通过以上操作就可以快速搭建文档框架。

NO.063

修改文档的字体搭配

扫码看视频

使用样式集可以快速让应用了样式的文档专业化，但如果想要统一换一种字体搭配该怎么办呢？

❶ 单击菜单栏中的"设计"命令；

❷ 单击"字体"，选择内置的字体方案进行替换；

❸ 若对内置方案不满意还可单击"自定义字体"设置字体方案。

通过以上操作就能修改文档的字体搭配。

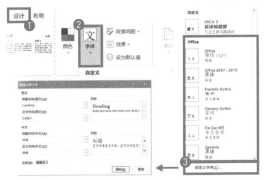

NO.064

修改文档的颜色搭配

扫码看视频

使用样式集可以快速让应用了样式的文档专业化，但如果想要统一换一种颜色搭配该怎么办呢？

❶ 单击菜单栏中的"设计"命令；

❷ 单击"颜色"，选择内置的颜色方案进行替换；

❸ 若对内置方案不满意还可单击"自定义颜色"设置颜色方案。

通过以上操作就能修改文档的颜色搭配。

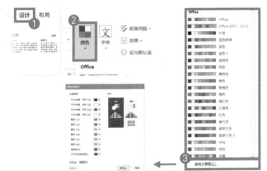

NO.065

删除段落前的小黑点

扫码看视频 >

给段落应用样式之后，你会发现前面会出现小黑点，特别影响观看，如何才能把它们去除掉？

将鼠标光标置于段落中的任意位置：

❶ 单击菜单栏中的"开始"命令；

❷ 单击段落模块右下角的扩展箭头，打开段落设置对话框；

❸ 切换到"换行和分页"；

❹ 取消勾选"与下段同页"和"段中不分页"两个选项。

确定后，小黑点就会消失。

NO.066

隐藏段前的折叠小三角

扫码看视频 >

除了小黑点之外，在应用了样式之后还会出现一个小三角，也很影响观看，这个三角符号能不能去掉？

这个小三角是折叠段落内容的按钮，从 2013 版本开始默认出现。

这个小三角没有办法删除。

如果不想看到它，把光标放在其他段落中就可以了。

◢ Word 里强大的视频功能↵

视频提供了功能强大的方法帮助您证明
视频的嵌入代码中进行粘贴。您也可以

NO.067

插入图片的3种方法

扫码看视频 >>

如何在Word文档中插入图片，这个问题估计很多人都会，但是你知不知道插入图片的方法其实有3种之多？

方法一：复制粘贴法

❶ 直接在其他文档、网页上右键单击图片，选择"复制图片"；

❷ 在需要插入图片的位置，右键单击，选择"粘贴"。

方法二：插入本地图片

❶ 在菜单栏中单击"插入"命令；

❷ 单击"图片"；

❸ 在弹出的对话框中找到并选中需要的图片，单击确认；

❹ 单击"插入"按钮。

方法三：插入联机图片

❶ 在菜单栏中单击"插入"命令；

❷ 单击"联机图片"；

❸ 在弹出的对话框中输入关键词进行搜索，或者选择合适的分类进行筛选；

❹ 选中图片后，单击【插入】按钮。

通过以上3种方法均可实现图片插入。

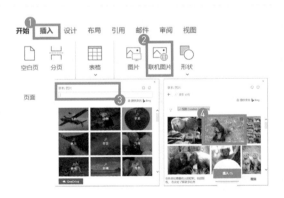

NO.068

图片存在 7 种形式

扫码看视频 ≫

你知道吗，别小看这一张图片，它在Word里面有两种类型，共 7 种面孔！

第一类：嵌入型

在这种方式中，图片相当于一个字符，嵌入型图片会受制于行间距或文档网格设置。

嵌入型

视频提供了功能强大的方法帮助您证明您的观点。当您单击联机视频时，可以在想要添加的视频的嵌入代码中进行粘贴。您也可以键入一个关键字以联机搜索最适合您的文档的视频。

为使您的文档具有专业外观，Word 提供了页眉、页脚、封面和文本框设计，这些设计可互为补充。例如，您可以添加匹配的封面、页眉和提要栏。单击"插入"，然后从不同库中选择所需元素。

第二类：浮动型

浮动型图片总共有 6 种不同的形式。

❶ 四周型：

文字沿着图片的尺寸轮廓分布。

❷ 紧密型环绕：

文字会沿着图片的真实轮廓分布。

❸ 穿越型环绕：

文字沿着环绕轮廓排列。

❹ 上下型环绕：

文字会以行为单位分布在图片上下。

❺ 衬于文字下方：

顾名思义就是在文字下方衬底。

❻ 浮于文字上方：

顾名思义就是浮在文字的上面遮盖文字。

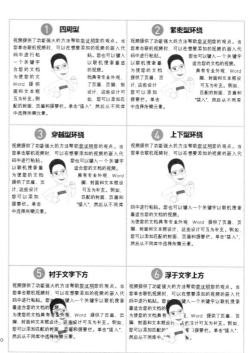

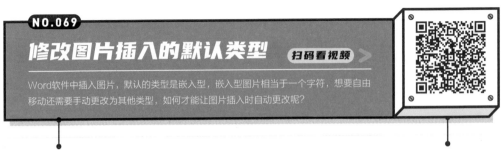

NO.069

修改图片插入的默认类型

扫码看视频 >

Word软件中插入图片，默认的类型是嵌入型，嵌入型图片相当于一个字符，想要自由移动还需要手动更改为其他类型，如何才能让图片插入时自动更改呢？

❶ 单击菜单栏中的"文件"命令；

❷ 在新界面上单击"选项"；

❸ 将菜单切换到"高级"；

❹ 找到并修改"将图片插入/粘贴为"后面的"嵌入型"为"四周型"或其他类型；

❺ 单击"确定"按钮完成图片默认插入类型的修改。

通过以上操作就能修改图片插入的默认类型。

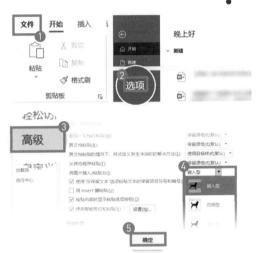

NO.070

让图片显示完整

扫码看视频 >

有的时候插入图片到Word里面会出现只显示一部分的情况，这个时候该如何让图片显示完整呢？

出现这个问题，是图片所在段落把行距设置成了"固定值"，解决方案如下：

选中图片后，按快捷组合键【Ctrl+1】将行距设置为单倍行距就可以了。

Ctrl + 1

NO.071

让文字紧紧围绕图片

扫码看视频 >>

想在文字里面插入一张爱心图片，让文字显得更加动人，插入进去才发现，图片将文本撑开，拆分成上下两段，该如何才能让文字紧紧环绕图片排版呢？

图片默认以"嵌入型"插入，相当于一个字符，受到段落格式的诸多限制，只能更改图片环绕类型才可以解决问题。

❶ 选中图片，单击图片右上角的"布局选项"按钮；

❷ 将"嵌入型"更改为"穿越型环绕"。

通过以上操作就可以实现文字紧紧环绕图片的效果。

如果不满意围绕的效果，可以：

❶ 右键单击图片，选择【环绕文字】-【编辑环绕顶点】；

❷ 贴合图片形状手动调节环绕顶点。

单击图片之外的位置退出编辑就可以让文字紧紧贴合图片周围了。

NO.072

调整图片在页面中的位置

扫码看视频

在Word软件中调整图片的位置总是不方便，如何才能快速地让图片出现在文档的上下左右、居中，以及四个角落呢？

❶ 单击选中图片；

❷ 单击菜单栏中的"图片格式"；

❸ 单击"位置"；

❹ 在展开的菜单中调整图片位置。

通过以上操作就可以调整图片在文档中的位置。

如果对位置不满意，还可以选择"其他布局选项"自定义调整位置。

NO.073

多张图片如何并列排版

扫码看视频

想要在一行中并列对齐排版多张图片，需要多次调整图片的大小，有没有什么快捷的方法能够实现？

❶ 根据排版的图片数量的多少插入对应列数的表格，例如3列；

❷ 调整表格单元格的高度；

❸ 插入对应的图片，取消单元格边框。

为了防止表格被图片撑大，可参考技巧NO.095对单元格属性进行设置。

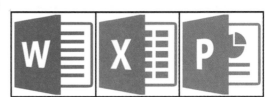

NO.074

多张图片如何快速排版

扫码看视频 >

文档中要制作多张图片的创意排版，自己没有设计功底，如何才能制作出好看的多图片排版效果？

在进行操作之前，请先按照技NO.069将粘贴图片类型更改为"浮于文字上方"。

❶ 单击菜单栏中的"插入"命令；

❷ 单击"图片"；

❸ 框选所有要插入的图片；

❹ 单击"插入"按钮将图片插入文档中；

❺ 选中图片，单击菜单栏中的"图片格式"命令；

❻ 单击"图片版式"命令；

❼ 在展开的菜单中选择心仪的版式。

通过以上操作就可以快速完成图片创意排版，Word中还自带了很多不同的排版样式，可以根据自己的需求进行选择。

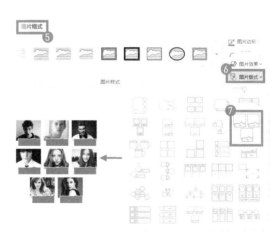

NO.075

将图片固定在某一位置

扫码看视频 >

图片插入文档后，如果图片前面的文本发生修改，图片的位置也会相对发生改变，如何才能让图片固定在特定的位置，不随文档修改而改变？

图片插入文档后，默认会随文字移动，如果想固定图片位置，方法如下。

❶ 单击选中图片，单击图片右上角的"布局选项"按钮；

❷ 勾选"在页面上的位置固定"。

通过以上操作就能将图片固定。

NO.076

批量对齐图片

扫码看视频 >

文档中插入了很多图片，想要对齐难道只能一个一个手动调整？有没有更方便快捷的方法能够帮我搞定？

以下操作仅适用于嵌入型图片。按快捷组合键【Ctrl+H】打开查找替换功能；

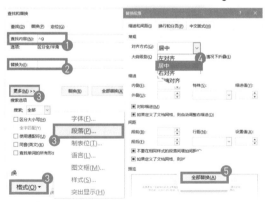

❶ 在"查找内容"框中输入"^g"；

❷ 将光标定位在"替换为"框中；

❸ 单击"更多"–"格式"–"段落"；

❹ 将"对齐方式"修改为"居中"；

❺ 返回替换对话框，单击"全部替换"按钮。

通过以上操作就能批量完成图片对齐。

NO.077

批量调整图片尺寸

扫码看视频 ＞

文档中有大量的尺寸和比例不一致的图片，想要把它们调节成同一宽度，有没有快速实现的方法？

这里需要用到 VBA 编程，批量修改图片尺寸的代码，已经为你准备好了，存放在本书配套资源中，你只需要会使用就可以。

❶ 单击菜单栏中的"开发工具 - 宏"；

❷ 在弹出的对话框中，"宏名"框中填写"批量调整图片尺寸"；

❸ 单击"创建"按钮；

❹ 清空弹出对话框中右侧的内容，将提供的代码粘贴进去，关闭对话框；

❺ 按步骤 ❶ 再次打开宏对话框；

❻ 在弹出对话框中单击"运行"按钮。

通过这样的操作就可以批量调整图片的尺寸，代码中默认的图片宽度为 15，也可以自己修改图片的宽度数值。

NO.078

创建指定行列数的表格

扫码看视频 >

如果想要创建规定了行列数的表格，有哪些方法？

方法一：可视化拖动选择

❶ 单击菜单栏中的"插入"-"表格"；

❷ 鼠标指针在弹出的网格中移动选择
需要插入的表格的行列数；

❸ 单击完成表格插入。

这种方法有缺陷，最多只能创建 8 行、
10 列的表格，超出之后就无法使用。

方法二：手动输入行列数插入表格

❶ 单击菜单栏中的"插入"-"表格"；

❷ 在展开的菜单中单击"插入表格"；

❸ 在弹出的对话框中输入行数和列
数，在对话框中还可设置单元格尺
寸参数，如固定单元格尺寸，或根
据表格中的内容调整尺寸；

❹ 单击"确定"按钮。

通过以上两种方法就可以创建规定了行
列数的表格。

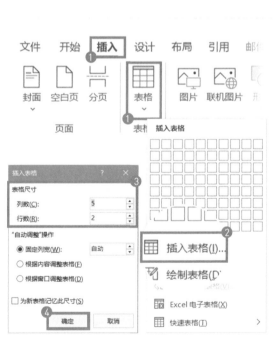

NO.079

将文本转换为表格

扫码看视频 >

工作群里发来一串文字，领导让你把它们制作成为表格，这个时候只能先画表格，再复制粘贴内容吗？其实有更简单的方法！

❶ 选中需要填写到表格中的文本。

注意：待转换表格的文本之间得有固定的间隔标记，如空格、逗号等。

姓名，地址，电话
范嫌，庆国户部侍郎家，139****1215
范思哲，庆国户部侍郎家，138****1205
林碗儿，庆国皇家别苑，177****2145
战逗逗，北齐皇宫，189****4789 ❶

❷ 单击菜单栏中的"插入"-"表格"。

❸ 在菜单中选择"文本转换成表格"。

❹ 在弹出的对话框中勾选"其他字符"并在框中输入中文逗号。

若框中无法输入中文符号，可以先复制对应符号，然后粘贴进来，此时软件会自动修改表格列数。

❺ 单击"确定"按钮。

通过以上操作就能将文本转换为表格。

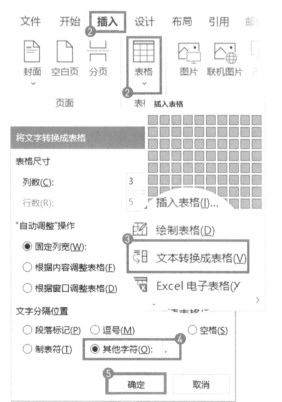

NO.080

将表格转换为文本

扫码看视频 >>

NO.079教给大家如何把文本转换为表格，那有没有把表格内容转换为文本的功能？

方法一：复制粘贴法

❶ 单击表格左上角的田字符选中表格；

❷ 按快捷组合键【Ctrl+C】复制表格；

❸ 右键单击文档空白位置，在"粘贴选项"里选择"仅保留文本"。

方法二：直接转换成文本

❶ 单击表格左上角的田字符选中表格；

❷ 单击菜单栏上"表布局"右侧的"布局"，选择"转换为文本"；

❸ 在弹出的对话框中选择一个文字分隔符，一般选"制表符"作为文字分隔符；

❹ 单击"确定"按钮。

通过以上两种方法，就可以快速将表格转换为文本。

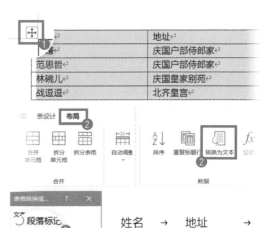

NO.081
制作个性化的表格

扫码看视频 >

表格单元格的操作对于初学者来说太难了，怎么调整都得不到自己想要的效果，有没有方法可以随心所欲地绘制表格？

❶ 单击菜单栏中的"插入"-"表格"；

❷ 在菜单中选择"绘制表格"。

此时鼠标指针变成一个铅笔图标。拖动鼠标就能在文档中插入一个表格，铅笔状态下可以快速将一个单元格按照上下或左右甚至是对角线拆分为两个不同的单元格。

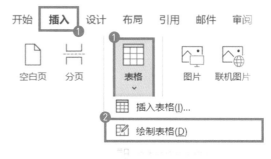

NO.082
嵌入Excel电子表格

扫码看视频 >

Word软件里的表格功能相较于专业的Excel还是少了点，那能不能在Word里面实现Excel的功能呢？

❶ 单击菜单栏中的"插入"-"表格"；

❷ 在菜单中选择"Excel电子表格"。

通过这样的操作，文档里就会插入一个Excel工作表，页面也会变成Excel的界面。这样一来，就可以在Word中使用Excel的全部功能了。

NO.083

快速添加行与列

扫码看视频 >

做表格的时候会遇到临时要添加几行/列内容的情况，如何才能更加高效快捷地完成行
与列的添加呢？

选中表格中的单元格：

❶ 单击菜单栏"表设计"右侧的"布局"命令；

❷ 插入行，单击"在上方插入"或"在下方插入"；

❸ 插入列，则单击"在左侧插入"或"在右侧插入"。

如果想插入多行就竖向选中对应的单元格，插入多列就横向选中。

NO.084

在顶格表格前插入一行

扫码看视频 >

直接在空白页面插入表格后，你会发现很难在表格上面添加一行非表格的内容，那该
如何才能在顶格的表格前加一个空白行呢？

❶ 将光标放置在表格第一个单元格内容的前面；

❷ 按【Enter】键。

这样操作就可以实现在顶格表格前插入一个空白行。

NO.085
为单元格添加斜线

扫码看视频 ≫

在制作表格的时候，有时需要制作带斜线框的表头，该怎样才能快速做出斜线表头呢？

选中表格中的单元格：

❶ 单击菜单栏中的"开始"命令；

❷ 选择"段落"模块下的"边框"-"斜下框线"。

这样就可以为单元格添加上斜线边框了，如果想在两个框中填写内容，需要借助回车键换行和标尺左对齐滑块进行对齐。

NO.086
快速调整表格的样式

扫码看视频 ≫

Word里面插入的表格都是黑白线框，如何才能快速美化Word表格？

将光标放置在表格任意单元格内：

❶ 单击菜单栏中的"表设计"命令；

❷ 在"表格格式"模块选择一个表格样式就可以快速美化整个表格；

❸ 单击表格格式的下拉箭头，还可以选择更多的样式；

❹ 在左侧的"表格样式选项"中勾选不同的选项还能得到更多的表格样式。

NO.087

批量统一表格样式

扫码看视频 >

Word中的图片可以批量调整尺寸，那Word中的表格能否批量统一样式？

这里同样需要用到VBA编程，批量统一表格样式的代码，已经为你准备好了，存放在本书配套资源中，你只需要会使用就可以。

❶ 单击菜单栏中的"开发工具 – 宏"；

❷ 在弹出的对话框中，"宏名"框中填写"批量统一表格样式"；

❸ 单击"创建"按钮；

❹ 清空弹出窗口右侧的内容，将本书提供的代码粘贴进去，关闭窗口；

❺ 按步骤❶再次打开宏对话框；

❻ 在弹出的对话框中单击"运行"按钮。

通过这样的操作就可以批量统一表格的样式了，代码中默认的表格样式名称为"清单表3"，你也可以自己修改表格样式的名称，将鼠标指针移动到对应样式上就能看到样式的名称。

NO.088

创建三线表的表格样式

扫码看视频 》

论文中的数据表格要使用三线表，频繁地去设置表格边框太麻烦了，能不能直接制作一个三线表的样式，一键就可以套用？

插入任意一个表格：

❶ 单击菜单栏中的"表设计"命令；

❷ 单击"表格样式"的下拉箭头，在菜单中选择"新建表格样式"；

❸ 修改"名称"为"三线表"；

❹ 将"将格式应用于"改为"标题行"；

❺ 单击 "格式"–"边框和底纹"；

❻ 在弹出对话框中，将"宽度"改为"1.5磅"，并勾选上边框；

❼ 将"宽度"改为"0.5磅"，然后勾选下边框，最后确定；

❽ 重复第❹步，将"将格式应用于"的"标题行"改为"汇总行"；

❾ 在弹出对话框中，将"宽度"改为"1.5磅"，勾选下边框后"确定"。

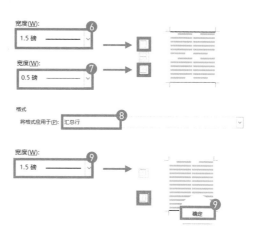

"确定"后三线表样式就会出现在表格样式选框的自定义中。

NO.089

调整表格文本的对齐方式

扫码看视频 >

你有没有遇到过在单元格输入文字之后，文字紧紧贴在上边框，想要对齐到单元格正中间怎么调整都不行？其实在Word里面有快捷方法可以实现。

将鼠标光标定位在单元格中：

❶ 单击菜单栏中的"布局"命令；

❷ 在"对齐方式"模块里就可以快速调整文本在单元格中的对齐方式。

　　对齐方式有：左上、上中、右上、左中、正中、右中、左下、中下、右下。

通过以上操作就可以完成文字位置调整。

NO.090

调整单元格的边距

扫码看视频 >

在单元格中输入文本后，发现无论怎么调整文字的对齐方式，文字总是离边框太远，到底该怎么处理？

将鼠标光标定位在单元格中：

❶ 单击菜单栏 中的"布局"命令；

❷ 在"对齐方式"模块里单击"单元格边距"；

❸ 将上下左右边距都调整为 0。

通过以上操作就可以调整单元格的边距。

NO.091

快速拆分表格

扫码看视频 >

想要把一个表格拆分成两个表格，除了插入两个表格之外还有没有更为快捷的方法？

❶ 把光标定位在需要开始拆分的行的任意单元格中；

❷ 按快捷组合键【Shift+Ctrl+Enter】。

通过以上操作就可以快速完成表格拆分。

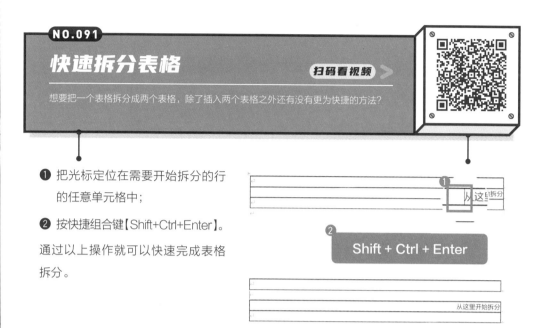

NO.092

为表格设置重复标题行

扫码看视频 >

Word中一旦遇到长表格就会自动分页，但Word无法像Excel那样冻结表头，那该如何为Word表格每一页都显示表头呢？

❶ 将光标置于表头所在行的任意单元格；

❷ 单击"表设计"右侧的"布局"；

❸ 在"数据"模块里找到并单击"重复标题行"。

通过以上操作就能实现重复标题行。

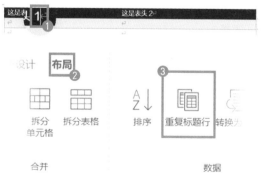

NO.093

自动调整表格的宽度

扫码看视频 >

表格制作完成后总会根据内容修改一下单元格的大小，手动拖动的方式太麻烦，每一列都要操作一次，其实Word里面可以轻松搞定！

❶ 单击表格左上角的田字符选中
表格；

❷ 单击菜单栏中的"布局"命令；

❸ 单击"自动调整"选择"根据
内容自动调整表格"。

通过以上操作就能自动调整表格的
宽度。

NO.094

平均分布表格的行/列

扫码看视频 >

制作完表格后，表格的行和列或多或少都会出现行高不一致，列宽不一致的现象，如何才能让表格的行高/列宽统一呢？

❶ 单击表格左上角的田字符选中
表格；

❷ 单击菜单栏 中的"布局"命令；

❸ 单击"分布行"和"分布列"。

通过以上操作就能平均分布行和列。

NO.095

防止单元格被图片撑大

扫码看视频 ＞

有的时候在表格中插入图片，单元格会被突然撑得很大，导致整个表格发生变形，该如何处理这种问题呢？

① 单击菜单栏中的"布局"命令；

② 单击"单元格大小"模块右下角的扩展箭头；

③ 在弹出的对话框中单击"选项"按钮；

④ 取消勾选"自动重调尺寸以适应内容"。

NO.096

文字适应单元格大小

扫码看视频 ＞

不想让太长的文本撑大单元格或自动换行，有什么好办法？

① 单击菜单栏中的"布局"命令；

② 单击"属性"；

③ 在弹出的对话框中切换到"单元格"，单击"选项"；

④ 勾选"适应文字"。

这样做再长的文本都会挤在单元格内。

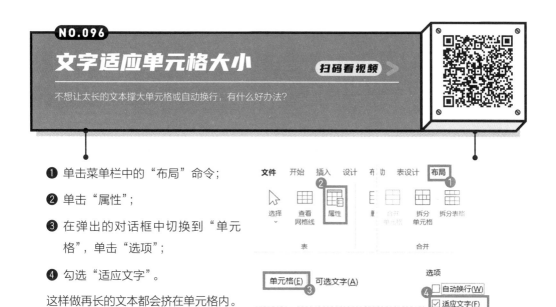

NO.097

防止单元格跳到下一页

扫码看视频 >

在表格中写着写着，突然整个单元格跳到了下一页，在上一页留下了大量空白，该怎么解决这个问题？

将鼠标光标置于表格单元格中：

❶ 单击菜单栏中的"布局"命令；

❷ 单击"属性"；

❸ 在弹出的对话框中切换到"行"；

❹ 勾选"允许跨页断行"。

通过以上操作就可以防止单元格跳转到下一页了。

NO.098

过长表格的快速排版

扫码看视频 >

Word中遇到长条形的表格，文档右侧就会有大面积的空白，如何才能将这些空白利用起来？

❶ 单击菜单栏中的"布局"命令；

❷ 单击"栏"命令；

❸ 单击"两栏"命令。

栏数可以根据表格的宽度进行选择，按照技巧 NO.092 设置"重复标题行"。

这里以简单的四则运算作为演示：

❶ 将光标放置在结果单元格中；

❷ 单击"表设计"右侧的"布局"；

❸ 单击"公式"命令；

❹ 在公式框中输入"=sum(left)"，
单击"确定"按钮后就可以完成
数据计算；

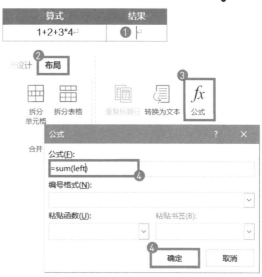

在公式对话框中还可以：

修改最后计算结果的数字格式。

如果不了解可以使用哪些函数，可以
单击"粘贴函数"查看 Word 表格支
持的函数类型。这里给大家列个表展
示一下不同函数的含义，表格存放在
本书配套资源中。

NO.100
对表格内容进行排序

扫码看视频 >

通过排序可以让我们更为直观地看到数据的规律，其实在Word中也可以对表格内容进行排序。

❶ 将鼠标光标置于表格单元格中；

❷ 单击菜单栏中的"布局"命令；

❸ 单击"排序"；

❹ 在弹出的对话框中，"主要关键字"选择"票房"；

❺ "类型"改为"数字"；

❻ 排序规则改为"降序"；

❼ 单击"确定"按钮。

通过刚才的步骤，就可以让数据按照票房从高到低排序了。

NO.101

用表格制作公文抬头

扫码看视频 ▶

之前在技巧NO.052中教给大家使用双行合一完成公文抬头制作，其实还有一种更为简单的方法可以实现，那就是使用表格。

以"秋叶 Office 学习班由秋叶 PPT 和秋叶 Excel 联合举办"为例：

❶ 单击"插入"-"表格"，在 Word 中插入一个两行三列的表格；

❷ 使用"布局"下的"合并单元格"功能，合并第 1 列和第 3 列的单元格；

❸ 单击"布局"；

❹ 单击"自动调整"；

❺ 单击"根据内容自动调整表格"；

❻ 分别在单元格中输入内容；

❼ 单击菜单栏中的"表设计"；

❽ 单击"边框"-"无框线"隐藏表格边框。

通过以上操作就可以用表格制作公文中双行合一的抬头了。

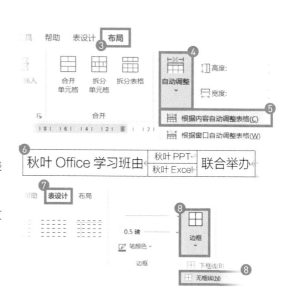

NO.102

删除表格后的空白页

扫码看视频 >

当表格占满一整页，你会发现文件会多出一页空白页，无论怎么按删除键和退格键都删除不掉，该怎么办呢？

表格后出现的空白页，一般是紧跟着表格的段落标记造成的，它无法删除，只能隐藏。

❶ 选中这个段落标记；

❷ 按快捷组合键【Ctrl+D】打开字体格式设置对话框；

❸ 勾选"隐藏"，单击"确定"按钮；

❹ 若空页未消失，按快捷组合键【Ctrl+*】。

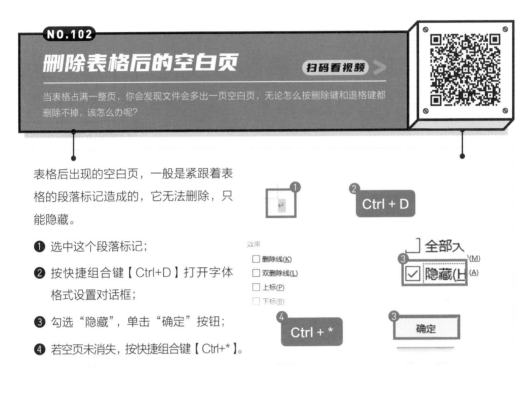

NO.103

创建可手动修改的目录

扫码看视频 >

很多人在为文档制作目录的时候，无论是内容还是最后对齐用的小点，页码都是手工录入的，Word有更省力的方法，帮你减轻输入的工作，只需修改内容和页码。

❶ 单击菜单栏中的"引用"命令；

❷ 依次单击"目录"–"手动目录"。

通过以上操作就可以为文档插入一个待更改内容的目录框架。

如果目录个数不够，直接复制粘贴即可。

NO.104

自动创建文档目录

扫码看视频 〉

如果已经按照技巧NO.055为文档应用了多级样式，那么想要给文档制作目录简直易如反掌。

将光标定位到需要插入目录的位置：

❶ 单击菜单栏中的"引用"命令；

❷ 依次单击"目录"-"自动目录 1"或"自动目录 2"。

通过以上的操作就可以自动为文档生成一个目录。

NO.105

更新目录内容/页码

扫码看视频 〉

目录做好之后，如果文档的内容发生了变化，影响了标题内容和页码，是不是还需要手动修改目录和页码？

❶ 单击菜单栏中的"引用"命令；

❷ 单击"更新目录"；

❸ 根据需要在弹出对话框中勾选"只更新页码"或"更新整个目录"；

❹ 单击"确定"按钮。

NO.106

给每个章节创建目录

扫码看视频 >

如果是非常长的文档，一般会要求在每个章节标题下生成本章节的小目录，这个时候应该怎么办呢？

❶ 选中章节的所有内容，比如选中第一章的内容；

❷ 单击菜单栏中的"插入"命令；

❸ 在"链接"模块找到并单击"书签"；

❹ 在弹出对话框的书签名一栏填写"第一章目录"并单击"添加"按钮；

❺ 将光标定位到第一章节标题下方，按【Ctrl+F9】组合键，输入一个域代码框；

❻ 在框中填写"TOC \b 第一章目录"；

❼ 将光标定位到代码中，按【F9】键。

通过以上操作，就可以单独为各个章节制作出一份章节目录了。

① 单击菜单栏中的"引用"命令；

② 单击"插入表目录"；

③ 在弹出的对话框中修改"题注标签"为对应的"图片"或"表格"；

④ 单击"确定"按钮就可以插入图片或表格目录。

若显示"未找到图形项目表"可参照技巧 NO.121 和 NO.123 为图、表编号。

选中需要添加标记的段落：

① 单击菜单栏中的"开始"命令；

② 在段落模块单击"项目符号"；

③ 单击合适的标记。

通过以上操作就可以为段落添加项目符号了。

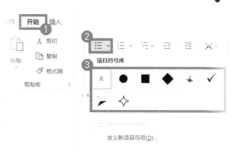

NO.109

添加自定义的项目符号

扫码看视频 >

软件中内置的项目符号可能无法满足我们个性化的需求，如果我们想要使用带有自身特色的图形作为项目符号该怎么做呢？

❶ 单击菜单栏中的"开始"命令；

❷ 在段落模块中单击"项目符号"；

❸ 单击"定义新项目符号"；

❹ 在弹出的对话框中可以选择"符号""图片"来作为项目符号。

通过以上操作就可以为段落添加个性化的项目符号了，关于符号可以参考技巧 NO.022 进行更多地选择，图片型项目符号可以选择本地电脑上的图片或联网搜索到的图片，联网图片的搜索可以参考技巧 NO.067。

NO.110

为段落添加数字编号

扫码看视频 ≫

文段中列举了多个要点，为了让它们看起来井然有序，除了可以添加项目符号之外，我们还可以为它们添加数字编号。

❶ 单击菜单栏中的"开始"命令；

❷ 在段落模块中单击"编号"；

❸ 在下拉编号库中选择需要的编号。

如果编号库中的编号无法满足需求，可以使用"定义新编号格式"。

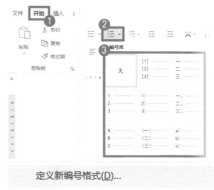

NO.111

设置从0开始的编号

扫码看视频 ≫

在工作中总是会遇到很奇葩的需求，明明编号都是从1开始的，突然要求从0开始，这可怎么办呢？

❶ 右键单击编号，选择"设置编号值"；

❷ 弹出的对话框中单击"值设置为"框的向下按钮，将其设置为0；

❸ 单击"确定"按钮。

通过以上操作就能设置从 0 开始的编号。

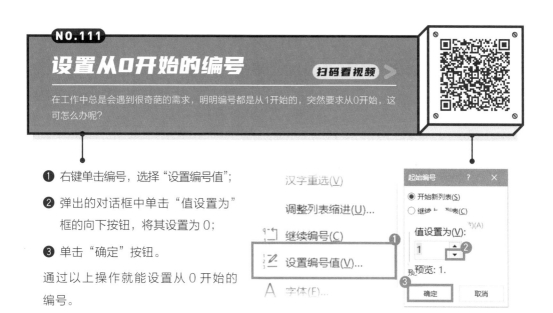

NO.112

调整编号与文字的间距

扫码看视频 >

有的时候给段落添加编号后，编号和文字之间的距离会非常大，如何才能调整编号和文字之间的距离呢？

❶ 右键单击编号，选择"调整列表缩进"。

方法一：

❷ 在弹出对话框中修改"文本缩进"的值。

从 0.28 厘米开始才有效，低于 0.28 均无法实现间距调节。

方法二：

❸ 将"编号之后"改为"空格"。

通过以上操作就能调整编号与文本之间的距离。

NO.113

解决段落编号中断的问题

扫码看视频 >

有的时候给段落添加编号后，如果在中间加入一行非编号段落，然后再进行编号，就会出现从1开始重新编号的情况，这个时候该怎么解决呢？

❶ 右键单击发生断层的编号；

❷ 单击"继续编号"。

通过以上操作就能继续编号了。

NO.114

关闭自动编号与项目符号
扫码看视频

当你在文档中输入"一、""1.""①"的时候一回车，软件就会自动为你添加编号，有的时候挺烦人的，本来不想要编号的，该怎么取消呢？

❶ 单击菜单栏中的"文件"命令；

❷ 弹出的对话框中单击"选项"；

❸ 将选项切换到"校正"；

❹ 单击"自动更正选项"；

❺ 切换到"键入时自动套用格式"；

❻ 取消勾选"自动项目符号列表"和"自动编号列表"。

通过以上操作就能关闭烦人的自动编号和自动项目符号功能。

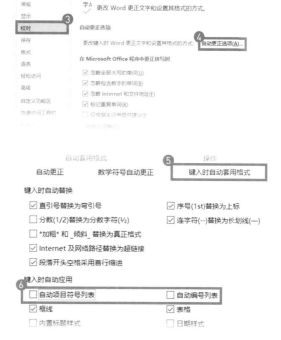

NO.115

为各级标题一键添加编号

扫码看视频 >

为长文档的各级段落标题应用样式之后，还要为其进行一一编号，除了手动添加编号之外，有没有一键完成的方法？

❶ 单击菜单栏中的"开始"命令；

❷ 找到并单击"多级列表"命令；

❸ 在展开的编号库中选择带有"标题1、标题2、标题3"后缀的编号。

通过以上操作就可以为各级标题一键添加编号。

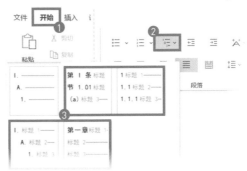

NO.116

为各级标题一键取消编号

扫码看视频 >

好不容易做好了多级编号，取消是不是也有一键可以完成的方法？

❶ 单击菜单栏中的"开始"命令；

❷ 找到并单击"多级列表"命令；

❸ 在展开的编号库中选择"无"。

通过以上操作就可以一键取消各级标题的编号。

NO.117

为标题添加个性化编号

扫码看视频 ≫

多级列表库中内置的编号毕竟太少，无法满足我们的个性化需求，比如章编号用"第一章"，节编号用"1.1"，小节编号用"1.1.1"该怎么做呢？

❶ 单击菜单栏中的"开始"命令；

❷ 找到并单击"多级列表"命令；

❸ 在展开的编号库中选择"定义新的多级列表"；

❹ 在弹出的对话框中，单击【更多】按钮展开对话框；

❺ 级别选择"1"，并将"将级别链接到样式"改为"标题1"；

❻ 在"输入编号的格式"框中的"1"前后分别输入"第"和"章"；

❼ 将"此级别的编号样式"改为"一，二，三（简）"；

❽ 切换级别到"2"，并将"将级别链接到样式"改为"标题2"；

❾ 勾选"正规形式编号"。

其他级别按照❽❾步重复设置。

通过以上操作就可以设置更个性化的多级编号。

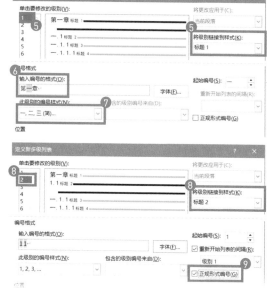

NO.118

解决标题编号不连续问题　扫码看视频 >

刚写完第一章，该写第二章的第一节了，为什么它的编号不是2.1，而是接着1.3变成了2.4，这该怎么办？

出现这种情况，一般就是在定义新的多级列表时出现了错误，解决方案如下。

❶ 单击菜单栏中的"开始"命令；

❷ 找到并单击"多级列表"命令；

❸ 在编号库里选择"定义新的多级列表"；

❹ 在弹出的对话框中，单击【更多】按钮展开对话框；

❺ 切换级别到"2"；

❻ 勾选"重新开始列表的间隔"并修改为"级别1"。

通过以上操作就能解决多级列表编号不连续的问题了。

NO.119

解决多级编号变成黑块的问题 扫码看视频 >

为文档设置了多级编号，保存之后再打开，发现编号全部都变成了小黑块，这种情况应该怎么办？

出现这种情况，一般是修改了 Word 最基层的 normal.dotm 模板的样式，解决方案如下：修复代码见本书配套资源。

❶ 单击"开发工具"；

❷ 单击"宏"；

❸ 在弹出的对话框中，"宏名"框中填写"修复多级列表黑块问题"；

❹ 单击"创建"按钮；

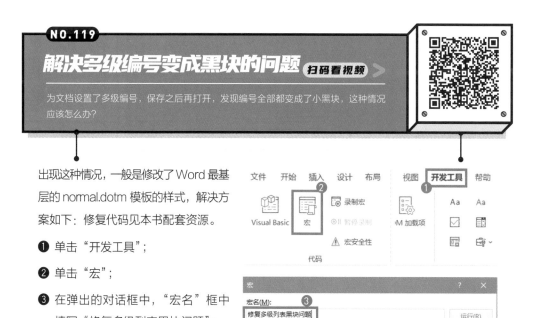

❺ 清空弹出对话框右侧的内容，将本书提供的代码粘贴进去，关闭对话框；

❻ 按步骤 ❷ 再次打开宏对话框；

❼ 在弹出对话框中单击"运行"按钮。

通过这样的操作就可以修复多级列表编号变成小黑块的问题了。

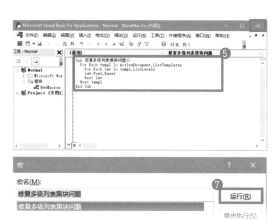

NO.120

为图片添加编号

扫码看视频 >

在论文中插入的图片，都需要为它们进行编号，怎样才能为图片快速编号呢？

选中图片后：

❶ 单击菜单栏中的"引用"命令；

❷ 单击"插入题注"；

❸ 在弹出的对话框中修改标签为"图片"（如果标签中没有"图片"，可以使用"新建标签"新建）；

❹ 修改"位置"为"所选项目下方"；

❺ 单击"编号"按钮；

❻ 在弹出对话框中勾选"包含章节号"；

❼ 单击"确定"按钮；

❽ 在题注框中输入名称；

❾ 单击"确定"按钮。

通过以上操作就能为图片添加编号了。

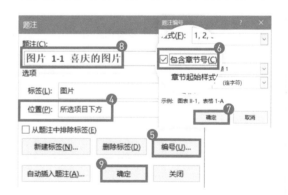

选中图片后：

❶ 单击菜单栏中的"引用"命令；

❷ 单击"插入题注"；

❸ 在对话框中单击"自动插入题注"
按钮；

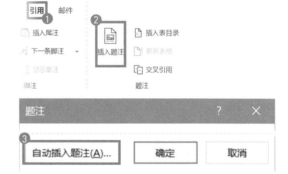

❹ 找到并勾选"Bitmap image"；

❺ 标签选择"图片"，位置选择"项
目下方"；

❻ 单击"编号"按钮；

❼ 勾选"包含章节号"；

❽ 单击"确定"按钮。

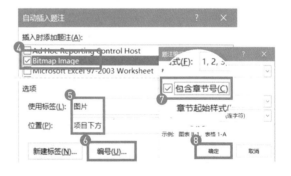

完成以上设置后：

❶ 单击"插入"-"对象"；

（后续步骤见下页）

❷ 选择"Bitmap Image"-"确定";

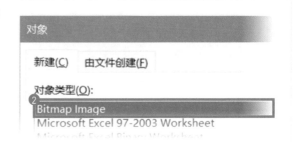

❸ 在弹出的画图对话框中单击"粘贴"
下方的黑色三角-"粘贴来源";

❹ 找到需要插入的图片，并关闭画图；
（通过以上操作就可以实现插入图片自
动添加编号的效果）

❺ 然后只需在编号后填写图片名称。

通过插入"Bitmap Image"的方式插
入的图片可能会按照原图片尺寸插入，
如果需要调整，可以双击图片再次进入
到画图对话框手动调整图片大小。

图片·1-1·喜庆的图片

NO.122

为表格添加编号

扫码看视频

在论文中插入的表格，都需要为它进行编号，怎样才能为表格快速编号呢？

选中表格后：

❶ 单击菜单栏中的"引用"命令；

❷ 单击"插入题注"；

❸ 在弹出对话框中修改标签为"表格"（如果标签中没有"表格"，可以使用"新建标签"新建）；

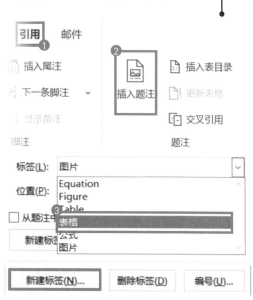

❹ 修改"位置"为"所选项目上方"；

❺ 单击"编号"按钮；

❻ 在弹出对话框中勾选"包含章节号"；

❼ 单击"确定"按钮；

❽ 在题注框中输入名称；

❾ 单击"确定"按钮。

通过以上操作就可以为表格进行编号。

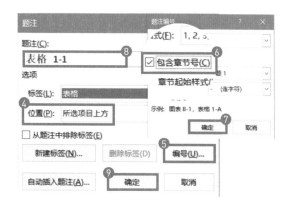

NO.123

让表格自动添加编号

扫码看视频 >

在论文中插入的表格，都需要为它进行编号，一个一个手动编号实在太麻烦了，有没有方法可以让表格插入的时候就自动编号？

选中表格后：

❶ 单击菜单栏中的"引用"命令；

❷ 单击"插入题注"；

❸ 在对话框中单击"自动插入题注"按钮；

❹ 勾选"Microsoft Word 表格"；

❺ 标签选择"表格"，位置选择"项目上方"；

❻ 编号设置中勾选"包含章节号"；

❼ 单击"确定"按钮。

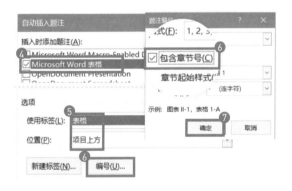

完成以上设置后，按照技巧 NO.078 ~ NO.081 插入表格即可自动编号。

表格·1-1·这是一份表格

NO.124

为文档插入页眉

扫码看视频 >

长文档一般会要求使用页眉来提示章节位置，如何才能为文档添加页眉呢？

❶ 单击菜单栏中的"插入"命令；

❷ 找到并单击"页眉"；

❸ 在展开的列表中选择合适的类型进行插入即可。

　内置的页眉类型有很多，一般来说，选择"空白"和"空白（三栏）"。

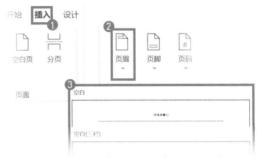

NO.125

为文档插入页脚

扫码看视频 >

要在Word长文档中使用页脚来放置时间、作者等相关信息，该如何操作？

❶ 单击菜单栏中的"插入"命令；

❷ 找到并单击"页脚"；

❸ 在展开的页脚列表中选择合适的页脚类型进行插入即可。

　内置的页脚类型有很多，一般来说，选择"空白"和"空白（三栏）"。

NO.126

为文档插入页码

扫码看视频 >

页码相对于页眉页脚来说更为特殊一些，位置更为灵活多变，该如何才能为文档插入页码呢？

❶ 单击菜单栏中的"插入"命令。

❷ 找到并单击"页码"。

❸ 选择页码出现的位置"页面顶端""页面底端""页边距"或"当前位置"。

顾名思义，顶端和底端比较好理解，页边距则是页码出现在页面的左侧或右侧，当前位置是光标所在的位置。

❹ 选择合适的页码类型进行插入。

每一个位置上的页码类型都不一样，尤其是"页边距"中的页码类型，更为活泼多样。

通过以上操作就可以为文档插入页码了。

NO.127
第一页不显示页眉页脚

扫码看视频 >

很多情况下文档会要求第一页不出现页眉和页脚，这个时候该怎么办呢？

❶ 双击页面上页眉、页脚的位置，进入页眉页脚编辑状态；

❷ 单击菜单栏中的"页眉和页脚"命令；

❸ 勾选"首页不同"。

通过以上操作就能实现第一页不显示页眉页脚。

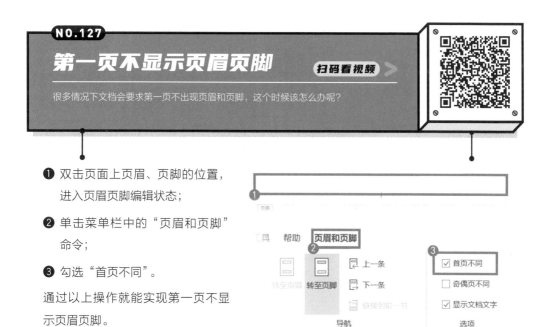

NO.128
奇偶页不同的页眉页脚

扫码看视频 >

很多情况下文档会要求奇偶页显示不同的页眉和页脚，这个时候该怎么办呢？

❶ 双击页面上页眉、页脚的位置，进入页眉页脚编辑状态；

❷ 在菜单栏中选择"页眉和页脚"命令；

❸ 单击勾选"奇偶页不同"，勾选后，偶数页或奇数页的页码会消失不见；

❹ 按照技巧NO.124～NO.125为消失页眉页脚的奇/偶页重新设置页眉页脚。

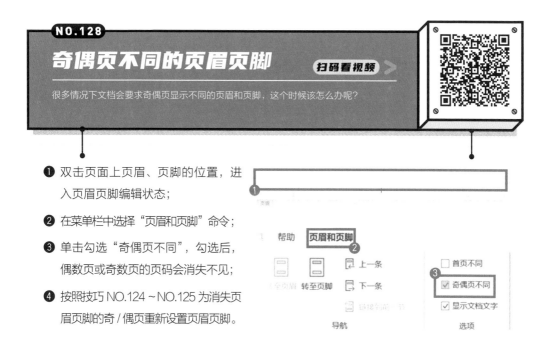

NO.129

设置各章节不同的页眉

扫码看视频 >

论文或其他长文档中会要求，每个章节的页眉要自动显示为当前章节的标题，这个该怎么设置呢？

以下操作需在文档应用好样式之后进行。

❶ 单击菜单栏中的"插入"命令；

❷ 找到并单击"页眉"；

❸ 在展开的列表中选择"空白"页眉；

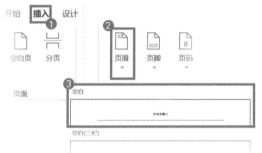

❹ 将光标定位到页眉中；

❺ 单击菜单栏中的"页眉和页脚"命令；

❻ 单击"文档部件"-"域"；

❼ 对话框中更改类别为"链接和引用"；

❽ 域名选择"StyleRef"；

❾ 样式名选择"标题 1"；

❿ 单击"确定"按钮。

通过以上操作就可以为各个章节设置不同的页眉了。

NO.130
设置各部分不同的页码

扫码看视频 ＞

论文要求封面标题页不出现页码，摘要到目录使用罗马数字页码，正文部分使用阿拉伯数字页码，这样的页码该怎么设置？

❶ 单击"布局"-"分隔符"-"分节符－下一页"，分别在封面标题与摘要的分界处、目录和正文的分界处进行分节分页处理；

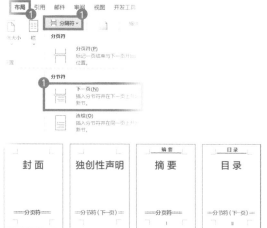

❷ 分别在第 2 节、第 3 节的页脚处单击"页眉和页脚"-"链接到前一节"，取消 3 节之间的联系，让三个部分相互独立；

❸ 将光标放在第 2 节的页脚，单击"页码"-"页面底端"-"普通数字 2"；

（后续步骤见下页）

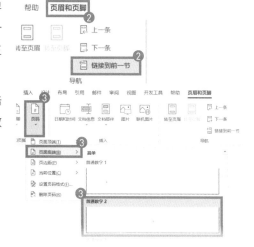

❹ 单击"页码"-"设置页码格式";

❺ 修改编号格式为大写罗马数字"I,II,
III",页码编号处勾选"起始页
码",并设置为"I";

❻ 将光标放置在第 3 节（正文部分）
的页脚，单击"页码"-"页面底
端"-"普通数字 2";

❼ 单击"页码"-"设置页码格式";

❽ 页码编号处勾选"起始页码"，并
设置为"1"。

通过以上操作就可以为论文的封面不
添加页码，摘要目录设置为罗马数字
页码，正文部分设置为阿拉伯数字页
码了。

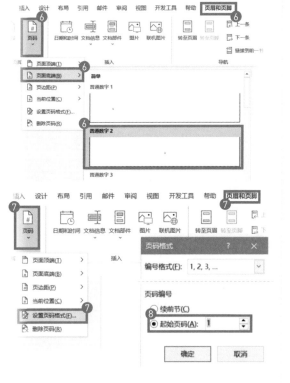

NO.131
删除页眉处恼人的横线
扫码看视频 ≫

插入页眉之后，总会在页眉处出现一条莫名其妙的横线，该如何让它消失呢？

❶ 选中页眉的所有内容；

❷ 单击菜单栏中的"开始"命令；

❸ 找到并单击"边框"；

❹ 单击"无框线"。

通过以上操作就可以删除页眉横线了。

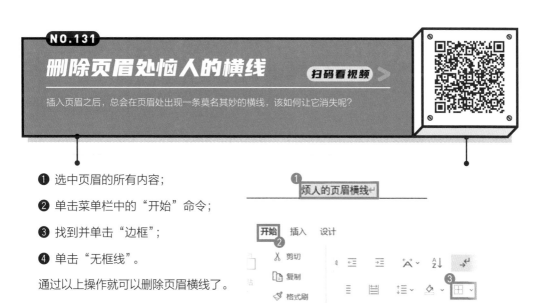

NO.132
设置从第2页开始的页码
扫码看视频 ≫

插入页码后，即使勾选了"首页不同"，第1页不会显示页码了，但是第2页依然会从2开始计数，怎样才能设置第2页显示页码1呢？

❶ 双击页码进入页眉页脚编辑模式；

❷ 单击"页码"；

❸ 单击"设置页码格式"；

❹ 将"起始页码"改为"0"；

❺ 单击"确定"按钮。

通过以上操作就可以设置从第 2 页开始显示为 1 的页码了。

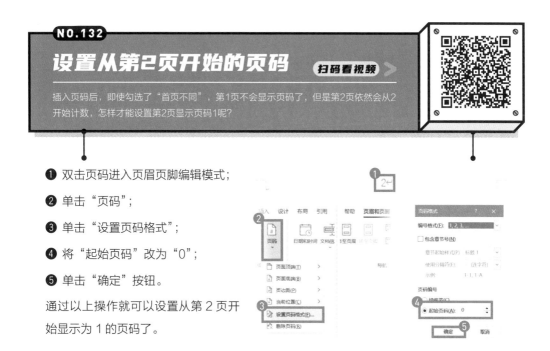

NO.133

在1页添加2个连续页码

扫码看视频 >

你有没有好奇过，试卷一面上会有两个页码，而我们在制作文档的时候想实现这样的效果，却只能添加一个页码，那该怎么做呢？

❶ 单击菜单栏中的"插入"命令。

❷ 单击"页脚"-"空白（三栏）"。

❸ 在插入的页脚中间输入一个空格。

❹ 在左侧栏的页脚里面输入下面的代码"第 {={ PAGE }*2-1} 页"。

❺ 在右侧栏的页脚里面输入下面的代码"第 {={ PAGE }*2} 页"。

代码中的花括号需要使用快捷键【*Ctrl+F9*】输入。

❻ 选中页脚后按【F9】键刷新。

通过这样的操作，就可以在一页纸上加入两个页码了。

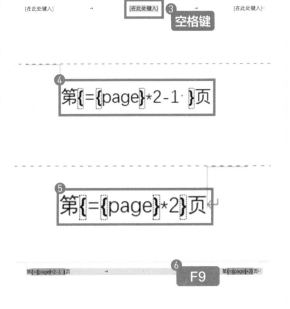

NO.134

草稿视图删除不可见内容
扫码看视频 >

虽然我们可以使用【显示/隐藏编辑标记】显示出不可见的内容，但终究还是会有符号因为太小成为漏网之鱼，有没有办法让所有的符号都现身？

❶ 单击菜单栏中的"视图"命令。

❷ 单击"草稿"，切换到草稿视图。

　草稿视图下，所有的分页符、分节符分栏符等编辑标记都将无所遁形。

❸ 将光标放在对应符号所在行，按【Delete】键。

通过以上操作就可以删除不可见的符号。

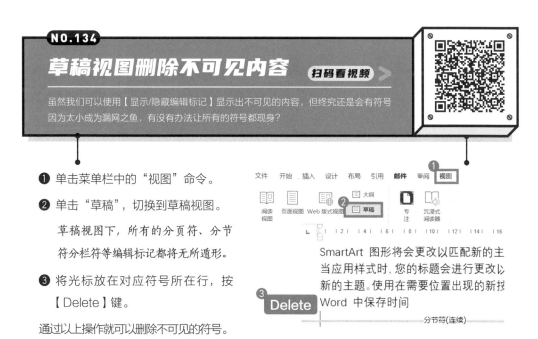

NO.135

在页面上显示标尺
扫码看视频 >

在技巧NO.046中介绍了使用标尺快速调整段落缩进，但是很多人发现自己的Word上并没有标尺，该怎样调出来呢？

❶ 单击菜单栏中的"视图"命令；

❷ 在显示模块里找到并勾选"标尺"。

通过以上操作就能将标尺调出。

NO.136

修改文档翻页方向

扫码看视频 >

Word软件默认的翻页方式是垂直方向的上下滚动，如果想要做到像书一样左右翻页的效果，该怎么办？

❶ 单击菜单栏中的"视图"命令；

❷ 在"页面移动"模块里找到并单击"翻页"命令。

通过以上操作就可以实现左右翻页效果。

NO.137

调整页面显示比例

扫码看视频 >

有的时候，打开Word软件，整个页面变得只有原来页面的四分之一大小，打上去的字也很小。不明所以的人还以为是软件出问题了，其实这只是页面显示比例的问题。

❶ 单击菜单栏中的"视图"命令；

❷ 找到并单击"缩放"。

在弹出的对话框中就可以调节页面显示比例，也可以设置显示的页数。

NO.138

记录文档的修改痕迹

扫码看视频 》

领导让你把文档发给他，有些内容他需要修改一下，如何才能记录下领导到底做了哪些修改呢？

❶ 单击菜单栏中的"审阅"命令。

❷ 找到并单击"修订"。

当"修订"按钮变成灰色后代表修订功能开启了。

❸ 修改"所有标记"为"无标记"。

通过以上操作就可以让软件默默地实时记录文档中所做的任何修改。

NO.139

快速合并两个文件的修订

扫码看视频 》

一份文档，你在修订前半截，另外一个同事在修订后半截，怎样才能把这两份文档的修订内容快速合并起来呢？

❶ 单击菜单栏中的"审阅"命令；

❷ 找到并单击"比较"；

❸ 在展开的菜单中单击"合并"；

❹ 在弹出的对话框中选择合并的两个文档；

❺ 单击"确定"按钮。

通过以上操作就可以快速合并两个文件的修订内容了。

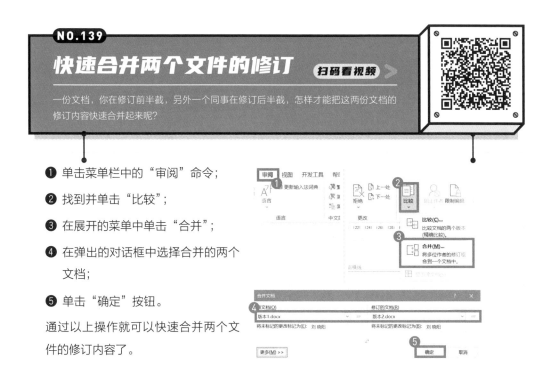

NO.140

比对不同版本文档的差异 扫码看视频 >

如果文档没有开启修订功能，如何才能比对两个版本文档的差异呢？

❶ 单击菜单栏中的"审阅"命令；

❷ 找到并单击"比较"；

❸ 在展开的菜单中单击"比较"；

❹ 在弹出的对话框中打开需要比较的两个文档；

❺ 单击"更多"按钮可以看到更细致的选项；

❻ 在弹出的新页面中可以看到比较的结果。

新文档的页面分为四个部分：最左侧是"修订"栏，显示总共有几处修订，是谁（会显示修订者姓名）在文中何处做了怎样的修订。

中间主体部分为"比较的文档"，结合了原文档和修订的部分。

最右侧上下对话框分别是原文档和修订的文档。

NO.141

批量删除所有批注

扫码看视频 >

根据批注修改好了内容，但是批注还在页面，非常影响阅读，难道只能一个一个地删除吗？

❶ 单击菜单栏中的"审阅"命令；

❷ 在批注模块找到并单击"删除"下方的按钮；

❸ 在展开的菜单中单击"删除文档中的所有批注"命令。

通过以上操作就能批量删除所有批注。

NO.142

限制他人编辑文档

扫码看视频 >

做好的文档只能看不能被人修改该怎么样做呢？

❶ 单击菜单栏中的"审阅"命令；

❷ 在保护模块单击"限制编辑"；

❸ 在右侧弹出的对话框中勾选"仅允许在文档中进行此类型的编辑"并修改为"不允许任何更改（只读）"；

❹ 单击"是，启动强制保护"按钮后输入两次密码。

通过以上操作就能限制不知道密码的人编辑文档。

NO.143

批量接受所有修订

扫码看视频 >

文档如果需要定稿，需要接受或拒绝修订的内容，否则修订的标记会一直存在，除了手动一个一个接受或删除，有没有更快的方法完成呢？

❶ 单击菜单栏中的"审阅"命令；

❷ 在更改模块找到并单击"接受"；

❸ 在菜单中单击"接受所有修订"。

　　如果需要停止修订，可以单击"接受所有更改并停止修订"。

通过以上操作就能批量接受所有修订。

NO.144

批量删除文档中的空行

扫码看视频 >

很多人在对段落进行分隔的时候，都会下意识地按回车键来制造空行，这样的做法是不对的，正确的做法请参考技巧NO.047，那该如何删除多余的空行呢？

❶ 按快捷组合键【Ctrl+H】激活"查找和替换"功能。

❷ 在查找内容框中输入"^p^p"。

　　"^p"指代的是段落标记。

❸ 在替换为框中输入"^p"。

❹ 单击"全部替换"按钮。

通过以上操作就能批量删除所有空行。

NO.145

批量删除文档中的空白

扫码看视频 ＞

从网上复制粘贴文字到Word里面，有的时候会出现莫名其妙的空白，一个一个地删除效率实在太低了，能否批量完成删除操作？

❶ 按快捷组合键【Ctrl+H】激活"查找和替换"功能。

❷ 在查找内容框中输入"^w"。

"^w"指代的是空白区域。

❸ 替换为框中不输入任何内容。

❹ 单击"全部替换"按钮。

通过以上操作就能批量删除所有空白。

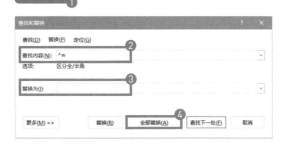

NO.146

批量完成选项换行

扫码看视频 ＞

在制作英语试卷的时候，最让人头疼的就是复杂的选项对齐了，学校要求所有选项都必须独自占一行，除了一个一个敲回车，有没有更快捷的方法？

❶ 按快捷组合键【Ctrl+H】激活"查找和替换"功能。

❷ 在查找内容框中输入"[B-D]."。

"."是序号后带的标点。

❸ 在替换为框中输入"^p^&"。

❹ 单击"更多"勾选"使用通配符"。

❺ 单击"全部替换"按钮。

通过以上操作就能完成选项换行。

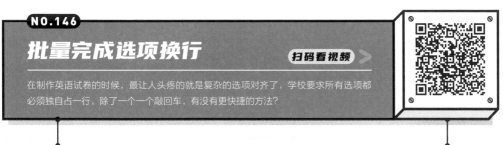

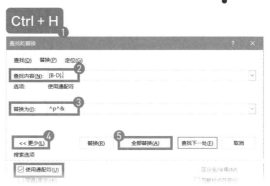

NO.147

批量对齐ABCD选项

扫码看视频 ≫

除了换行对齐之外，还有一种更令人头疼的选项对齐，那就是等距离对齐，面对繁重的对齐工作，有没有快速完成的方法？

❶ 按快捷组合键【Ctrl+H】激活"查找和替换"功能。

❷ 在查找内容框中输入"A."。

"."是序号后的标点，可以根据实际情况进行更换。

❸ 单击"更多"展开完整界面。

❹ 单击左下角的"格式"-"制表位"。

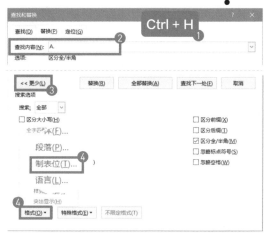

❺ 分别在等距离的位置设置"左对齐"制表位，例如：在 10 字符、20 字符和 30 字符处设置。

制表位设置可以参考技巧 NO.050。

❻ 单击"全部替换"按钮为所有选项行设置制表位。

（后续步骤见下页）

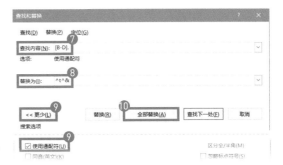

⑦ 在查找内容框中输入 "[B-D]."。

⑧ 在替换为框中输入 "^t^&"。

"^t" 是制表符，"^&" 是查找内容。

⑨ 在搜索选项里勾选 "使用通配符"。

⑩ 单击 "全部替换" 按钮。

通过以上操作就能完成所有选项的对齐。

NO.148

批量制作填空题下划线

扫码看视频 >

试卷中除了选择题的选项难以对齐之外，还有一类题型最让人头疼，那就是填空题，你知道如何才能快速地将填空题答案变成下划线吗？

前提：所有答案都被设置为红色。

❶ 按快捷组合键【Ctrl+H】激活 "查找和替换" 功能；

❷ 单击 "更多" 打开完整的对话框；

❸ 将光标置于查找内容框中，单击 "格式" – "字体"；

❹ 将字体颜色设置为红色，单击 "确定" 按钮；

（后续步骤见下页）

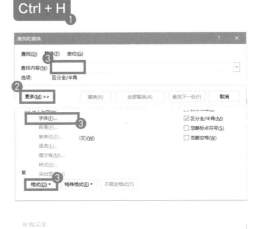

❺ 将光标置于替换为框中，单击"格式"–"字体"；

❻ 将字体颜色设置为白色，下划线类型设置为单划线，下划线颜色为黑色，单击"确定"按钮；

❼ 单击"全部替换"按钮。

通过以上操作就能完成填空题的制作。

NO.149

批量隐藏手机号码中的部分数字 扫码看视频 >

为了防止信息泄露，公司要求要对员工的手机号码进行隐藏处理，中间四位数要变为*号，公司几百号人，一个个修改要到啥时候，有没有更便捷的方法？

❶ 按快捷组合键【Ctrl+H】激活"查找和替换"功能；

❷ 在查找内容框中输入"([0-9]{3})[0-9]{4}([0-9]{4})"；

❸ 在替换为框中输入"\1****\3"；

❹ 单击"更多"勾选"使用通配符"；

❺ 单击"全部替换"按钮。

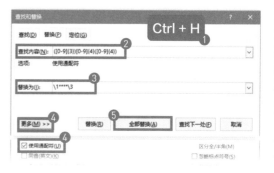

NO.150

批量制作与会人员桌签

扫码看视频 ＞

公司要开重要的会议要给与会领导制作座签，领导给了你一张姓名Excel表，除了复制粘贴你有没有更快的方法完成桌签制作？

与会人员姓名 Excel 表如右图所示。

	A
1	姓名
2	卜泰
3	丁敏君
4	马法通
5	卫天望
6	卫四娘
7	小翠
8	小虹
9	小玲
10	小凤
11	小昭
12	卫璧

❶ 单击菜单栏中的"插入"命令；

❷ 单击"文本框"–"简单文本框"插入一个简单文本框；

❸ 按桌签尺寸的一半调整文本框；

❹ 在文本框中输入"姓名"二字，调整字体大小并调整到文本框正中；

（后续步骤见下页）

❺ 单击菜单栏中的"邮件"命令，单击"选择收件人"-"使用现有列表"；

❻ 找到并打开名单表格文件，在弹出对话框中选中"桌签"后单击"确定"按钮；

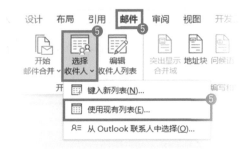

❼ 选中文本框中的姓名，然后单击"插入合并域"选择"姓名"（此时文本会变为"《姓名》"）；

❽ 把文本框复制一份，旋转 180°后放在原文本框上面；

❾ 单击"邮件"-"完成并合并"-"编辑单个文档"；

❿ 勾选"全部"后单击"确定"按钮。

通过以上操作就可以完成桌签的制作。

NO.151

批量制作活动邀请函

扫码看视频 >

公司要开年会，需要你给公司所有的合作伙伴邮件发送活动邀请函，领导给了你一份包含负责人姓名、性别、邮箱的Excel表和一份Word邀请函模板，你该怎么办？

邀请函模板和年会人员姓名 Excel 表如右图所示。

◀ 邀请函模板

数据表格 ▶

打开年会邀请函 Word 模板：

❶ 单击菜单栏中的"邮件"命令，单击"选择收件人"-"使用现有列表"；

❷ 找到并打开名单文件，在对话框中选中"客户联系表"，单击"确定"按钮；

（后续操作见下页）

❸ 选中模板中的"姓名",单击"邮件"-"插入合并域"-"姓名";

❹ 选中模板中的"性别称呼"后,依次单击"邮件"-"插入合并域"-"性别";

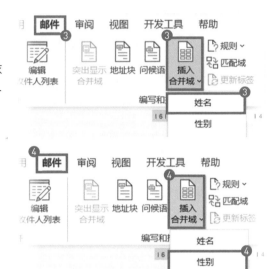

❺ 单击"邮件"-"完成并合并"-"发送电子邮件";

❻ 在弹出的对话框中收件人选择"邮箱地址",勾选"全部"后单击"确定"按钮。

通过以上操作,就能调用提前设置好的 Outlook 软件完成邀请函的制作和邮件的发送。

NO.152
批量制作员工工资条

扫码看视频 >

每个月财务都要给员工制作和发放工资条，如果一份一份的复制粘贴，实在是太浪费时间，有没有更加快捷的方法？

工资条模板及工资数据表如右图所示。

工资条模板

工号	姓名	基础工资	效益工资	职务工资	扣假/欠班	应发工资

工资数据表

	A	B	C	D	E	F	G
1	工号	姓名	基础工资	效益工资	职务工资	扣假/欠班	应发工资
2	1	宁洋	12000	12500	0	0	24500
3	2	黄钞麟	9050	11000	0	0	20050
4	3	莫侠如	4800	5100	0	0	9900
5	4	汪云鹏	4400	5200	0	0	9600
6	5	黄奕轩	5000	6000	0	0	11000
7	6	汪俊杰	4400	5800	0	0	10200

打开工资条模板：

❶ 单击菜单栏中的"邮件"命令，单击"选择收件人"-"使用现有列表"；

❷ 打开名单文件，在弹出对话框中选中"1月份工资明细"，单击"确定"按钮；

（后续操作见下页）

❸ 将光标定位到模板对应的单元格中，单击"邮件"-"插入合并域"完成所有单元格的合并域插入；

❹ 将光标放在表格的下一行，单击"邮件"-"规则"-"下一记录"；

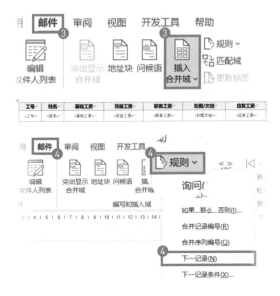

❺ 选中表格和"下一记录"规则，复制粘贴到页面底端；

❻ 删除最后的一个"下一记录"；

❼ 单击"邮件"-"完成并合并"-"编辑单个文档"；

❽ 勾选"全部"后单击"确定"按钮。

通过以上操作就能批量制作工资条。

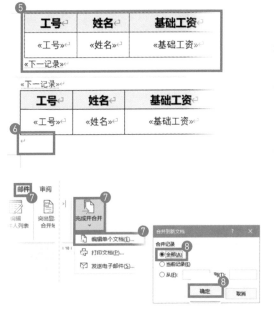

NO.153

批量给员工证插入图片

扫码看视频 ＞

制作员工证的时候，除了需要填写员工信息，最麻烦的是每一份要插入图片，每张照片还不一样，该怎样才能批量完成呢？

文本类型的邮件合并操作可以参照技巧 NO.150～NO.152，这里仅介绍如何利用邮件合并批量插入图片。

前提 1：数据源表格要和图片在同一个文件夹；

前提 2：表格中的图片名称与文件夹里的图片名称一致。

❶ 单击菜单栏中的"插入"-"文档部件"-"域"。

❷ 在弹出的对话框中将"类别"改为"链接和引用"。

❸ 选中"IncludePicture"，并在"文件名或 URL"框中填写"1"。

确定后文档中出现一个红叉图像。

（后续步骤见下页）

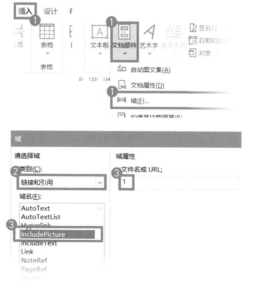

❹ 按快捷组合键【Alt+F9】将红叉变代码。

❺ 单击菜单栏中的"邮件"命令，单击"选择收件人"-"使用现有列表"。

❻ 找到并打开名单文件，在对话框中选中"员工信息表"，单击"确定"按钮。

❼ 选中代码中的"1"，单击"邮件"-"插入合并域"-"员工照片名"此时"1"将会变成"图片 1.jpg"。

❽ 单击"邮件"-"完成并合并"-"编辑单个文档"。

❾ 勾选"全部"后单击"确定"按钮。

❿ 将生成的文件另存到图片所在文件夹，选中文档中的所有内容，按【F9】键。

这样就能完成所有图片的插入了。

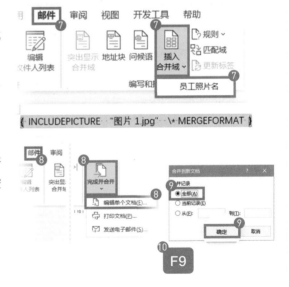

NO.154

批量合并文档

扫码看视频 ＞

分工写作一时爽，合并文档XX场，尤其是遇到标书这种大型文档的写作，最后合稿的人一定最痛苦，有没有什么方法可以不用复制粘贴一键完成合并？

❶ 单击菜单栏中的"插入"命令；

❷ 找到并单击"对象"；

❸ 单击"文件中的文字"；

❹ 在弹出的对话框中找到并全选需要合并的文档，单击"插入"按钮；

❺ 如果在第❹步，单击"插入"右侧的下拉三角，选择"插入为链接"，待合并的文档发生修改，保存后，合并的总文档会自动更新。

通过以上操作就能快速完成文档合并。

NO.155

批量拆分文档

扫码看视频 >

如果想把一本书或一篇论文按照章节拆分成单独的文档,你会怎么做?一章一章新建并复制粘贴?其实在Word中有非常简易的方法。

确保章标题都应用了"标题 1"样式。

❶ 单击菜单栏中的"视图"命令;

❷ 单击"大纲",将视图从"页面视图"切换到"大纲视图";

❸ 将光标放在第一章标题前,按快捷组合键【Shift+Ctrl+End】选中后面所有内容;

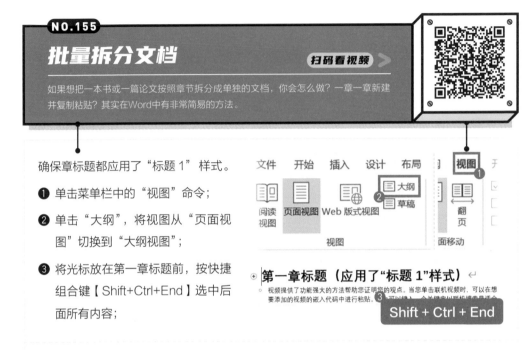

❹ 单击"大纲显示";

❺ 单击"显示文档";

❻ 在展开的菜单中单击"创建";

❼ 按快捷组合键【Ctrl+S】保存文件。

通过以上操作就可以在原文档所在的文件夹看到拆分好的文档。

📄 待拆分的文档.docx

📄 第二章标题.docx

📄 第一章标题.docx

NO.156

同页文件批量打印

扫码看视频 >

每个附件占一页，公司要求分别将各附件打印10份，而Word软件默认的打印方式是按顺序打印然后重复，为了方便整理，该如何设置呢？

❶ 按快捷组合键【Ctrl+P】进入打印预览；

❷ 调整打印份数为"10"；

❸ 将"对照"改为"非对照"；

❹ 单击"打印"按钮。

通过以上操作，就能完成同一页文件打印完成后，才打印下一页内容。

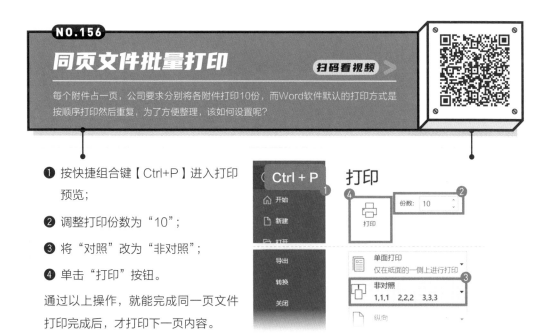

NO.157

打印选定的内容

扫码看视频 >

领导要求你把一份文档中特定的几段内容打印出来，你要怎么做？

❶ 按住【Ctrl】键批量选中内容；

❷ 按快捷组合键【Ctrl+P】进入打印预览；

❸ 将"打印所有页"改为"打印选定区域 – 仅所选内容"；

❹ 单击"打印"按钮。

通过以上操作，就能完成文档内特定内容的打印。

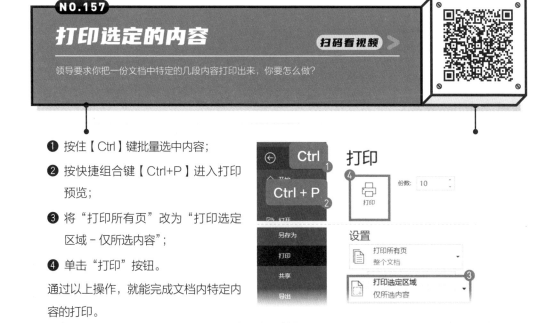

NO.158

打印当前页面

扫码看视频 >

文档页数多，如果只想打印当前光标所在的页面该如何进行操作？

❶ 按快捷组合键【Ctrl+P】进入打印预览；

❷ 将"打印所有页"改为"打印当前页面 – 仅当前页"；

❸ 单击"打印"按钮。

通过以上操作就可以完成当前页面打印。

NO.159

自定义打印范围

扫码看视频 >

领导要求你把一份文档中特定的几页内容打印出来，你要怎么做？

❶ 按快捷组合键【Ctrl+P】进入打印预览。

❷ 将"打印所有页"更改为"自定义打印范围"。

❸ 在"页数"框中输入页数范围。

如：1–8,15 就是打印 1 到 8 页和 15 页，p1s1–p3s4 就是打印第 1 节第 1 页到第 4 节第 3 页。

❹ 单击"打印"按钮。

通过以上操作就能完成自定义打印了。

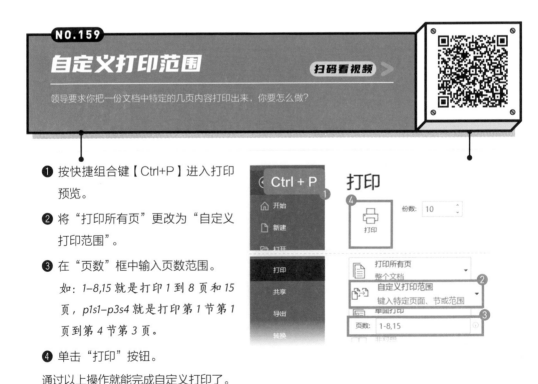

NO.160

文档的双面打印

扫码看视频 ＞

打印文档时，使用双面打印，既环保又省钱，大大提升了纸张使用率，那如何才能使用双面打印呢？

前提：确保使用的打印机支持双面打印。

❶ 按快捷组合键【Ctrl+P】进入打印
   预览。

❷ 将"单面打印"改为"双面打印"。

   部分打印机支持自动双面打印，如
   果不支持请选择"手动双面打印"。

❸ 单击"打印"按钮。

通过以上操作就能完成文档的双面打印。

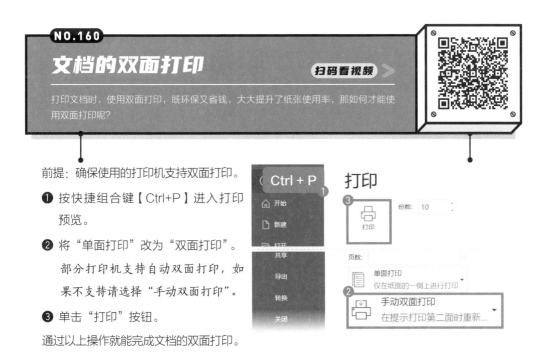

NO.161

文档的逆序打印

扫码看视频 ＞

打印文档默认都是从第1页开始，到最后还得重新整理一下顺序，能不能把打印顺序调整一下，先从最后1页开始打印呢？

❶ 单击菜单栏中的"文件"命令；

❷ 在新页面中选择"选项"；

❸ 在弹出对话框中选择"高级"；

❹ 勾选"打印"的"逆序打印页面"。

通过以上操作后再去执行打印操作就
可以实现逆序打印了。

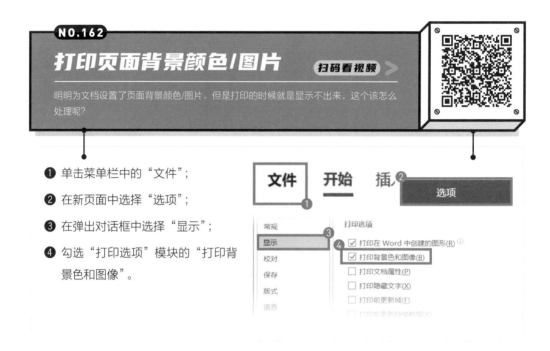

NO.162
打印页面背景颜色/图片
扫码看视频 >

明明为文档设置了页面背景颜色/图片，但是打印的时候就是显示不出来，这个该怎么处理呢？

❶ 单击菜单栏中的"文件"；

❷ 在新页面中选择"选项"；

❸ 在弹出对话框中选择"显示"；

❹ 勾选"打印选项"模块的"打印背景色和图像"。

NO.163
打印时缩减一页
扫码看视频 >>>

打印文档的时候往往会遇到最后一页只有一两行字的情况，怎样调整才能快速缩减一页减少纸张浪费呢？

方法一：在界面上方找到"搜索"框

❶ 在框内输入"缩减一页"；

❷ 单击"缩减一页"命令。

方法二：将光标放置在最后一段

❶ 单击"开始"-"段落"右下角的扩展箭头；

❷ 勾选"换行和分页"的"孤行控制"。

通过以上操作就能在打印时缩减一页了。

NO.167

多个区域录入相同数据

扫码看视频 >

在多个区域重复输入相同的数据，一个个手动输入也太慢了吧？

有没有快速的方法一次搞定？

❶ 按住【Ctrl】键选择要输入相同数据的区域；

❷ 输入数据，比如"男"；

❸ 按组合键【Ctrl+Enter】批量填充。

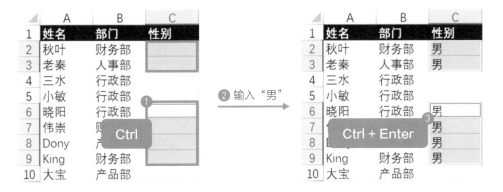

补充知识点：跨表也可以快速录入相同的数据。

❶ 按住【Ctrl】键选择多个工作表；

❷ 直接输入数据，就会在多个表中的相同位置
录入相同的数据。

NO.168

快速填充连续序号

扫码看视频 >

1、2、3、4、5……这样的连续序号是不是一个个输入的？
不用不用！填充连续序号一秒搞定！

方法一：拖曳法

❶ 在第一个单元格中输入"1"；

❷ 向下拖动单元格右下角的填充柄；

❸ 单击展开"自动填充选项"，选择
"填充序列"选项。

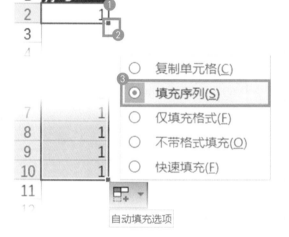

方法二：双击填充法

❶ 在第一个单元格中输入"1"；

❷ 双击单元格右下角的填充柄；

❸ 单击展开"自动填充选项"，选择
"填充序列"选项。

操作方法与拖曳法相似，不过双击填
充必须要求旁边有参照列。

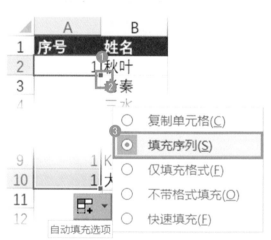

NO.169

录入100个连续序号

扫码看视频 ▸

需要批量生成100、1000、10000个连续序号，如何才能快速录入？

❶ 输入一个起始值，比如"1"；

❷ 单击"开始"；

❸ 单击"填充"；

❹ 单击"序列"；

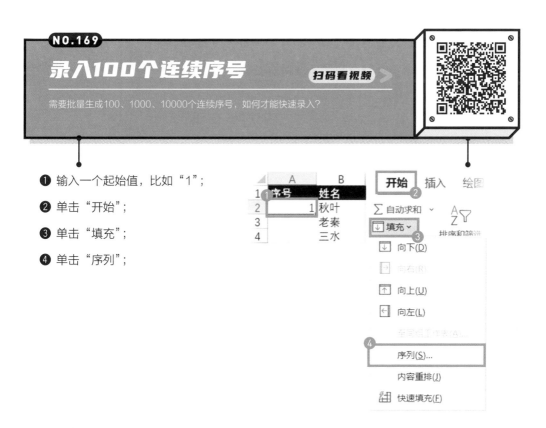

❺ 序列产生在"列"；

❻ 类型为"等差序列"；

❼ 步长值为"1"；

❽ 终止值为"100"；

❾ 单击"确定"按钮。

即可生成一个 1 ~ 100 的连续序列。

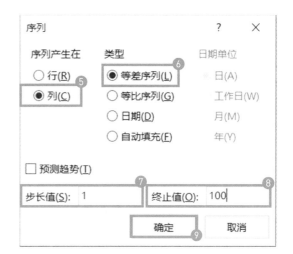

NO.170

添加自定义序列

扫码看视频 >

想让职位按照职位高低排序，有没有办法可以自定义序列排序？

❶ 单击"文件"；

❷ 单击"选项"；

❸ 单击"高级"；

❹ 单击"常规"-"编辑自定义列表"；

❺ 在"输入序列"编辑框中输入序列；

❻ 单击"添加"按钮。

单元格中有现成的职位信息，也可以直接从单元格中导入序列。

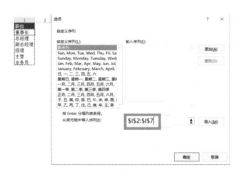

NO.171

输入连续英文字母

扫码看视频 ＞

A、B、C、D、E、F、G……英文字母虽然只有26个，可如果每次都要一个个输入也太慢了吧？那如何能快速输入连续英文字母？

方法一：公式法

❶ 在单元格中输入公式"=CHAR(ROW(A65))"，得到字母"A"。

　　使用 *CHAR* 函数可获取 *ASCII* 表中的字母字符。

❷ 将公式向下拖动复制即可生成连续字母。

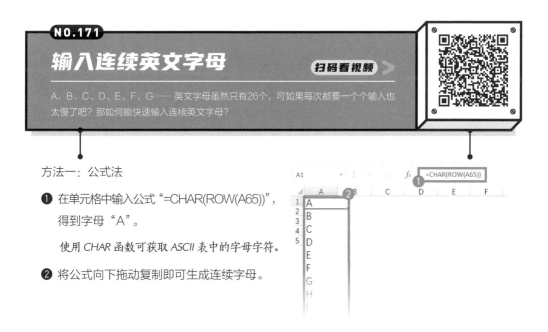

方法二：添加自定义序列

不想用公式也很简单，直接添加一个字母序列（添加自定义序列详见技巧 *NO.170* ）。

❶ 准备一个 26 个字母序列表；

❷ 将列表添加进自定义序列中。

这样一劳永逸，以后想要用字母序列，直接像数字序列一样，填充序列就可以了。

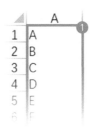

NO.172

批量向下填补空单元格

扫码看视频 >

没少吃合并单元格的亏吧？合并单元格里只有第一个单元格有值，导致统计数据的时候会出错。那怎么才能快速将其他空单元格填上相同的内容？

❶ 选择数据区域；

❷ 按定位功能组合键【Ctrl+G】打开"定位条件"；

❸ "定位条件"选择"空值"；

❹ 单击"确定"按钮；

❺ 输入"="引用当前活动单元格的上一个单元格值，如图中"B2"；

❻ 按组合键【Ctrl+Enter】批量填入公式。

提醒：如不需单元格内容自动更新，需要将公式复制粘贴为值。

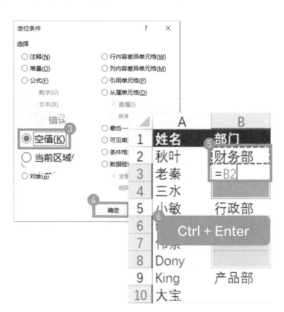

① 选择需录入手机号的单元格区域；

② 在 Excel 菜单栏中单击"数据"选项卡；

③ 单击"数据验证"；

④ 在"数据验证"对话框中按如下设置：

- "允许"为"文本长度"
- "数据"为"等于"
- "长度"设置为"11"

⑤ 单击"确定"按钮。

当输入号码不是 11 位时，即出现弹窗提醒（见右图）。

说明："数据验证"在其他版本中也称作"数据有效性"或"有效性"。

NO.174

防止输入重复数据

扫码看视频 >

录入数据时很容易输错，不小心工号写重复了，不小心名字重复录入了……

能不能在输入数据时自动出现数据重复提醒？

❶ 选择需录入姓名的单元格区域，如 A 列；

❷ 在 Excel 菜单栏中单击"数据"选项卡；

❸ 单击"数据验证"；

❹ 在"数据验证"对话框中按如下设置：

- 允许为"自定义"

- 公式一栏输入：=COUNTIF(A:A,A1)<2

函数公式说明：

1. 使用 COUNTIF 函数作条件计数

2. 第 1 参数为计数区域，这里是 A:A 列

3. 第 2 参数为计数条件，这里是 A1 单元格

4. 条件计数结果满足"<2"则区域中数据不重复

❺ 单击"确定"按钮。

一旦出现重复数据录入，即出现弹窗提醒（见右图）。

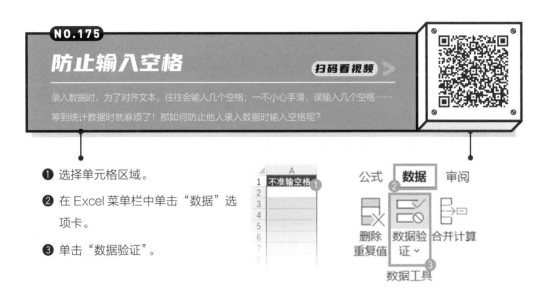

NO.175

防止输入空格

扫码看视频 »

录入数据时，为了对齐文本，往往会输入几个空格；一不小心手滑，误输入几个空格……
等到统计数据时就麻烦了！那如何防止他人录入数据时输入空格呢？

❶ 选择单元格区域。

❷ 在 Excel 菜单栏中单击"数据"选
项卡。

❸ 单击"数据验证"。

❹ 设置"验证条件"中的"公式"。

不同位置空格的限制可用不同公式。

❺ 单击"确定"按钮。

接下来看看不同限制情况下的公式写法：

【情况 1】任意位置不能出现空格

公式：=COUNTIF(A2,"* *")=0

【情况 2】开头不能出现空格

公式：=COUNTIF(A2," *")=0

【情况 3】结尾不能出现空格

公式：=COUNTIF(A2,"* ")=0

通配符说明：

*：代表任意个任意字符

?：代表任意一个字符

使用通配符来做模糊条件计数，可以自由限制空格的位置。

NO.176
设置下拉列表

扫码看视频 >

不同人在写同一个部门名称时总有五花八门的写法，到做汇总统计时就会增加工作量。如果能设置一个下拉列表直接选择，就能避免录入的错误了！

❶ 选择需设置下拉列表的单元格区域；

❷ 在 Excel 菜单栏中单击"数据"选项卡；

❸ 单击"数据验证"；

❹ 设置验证条件"允许"为"序列"；

❺ "来源"直接从单元格区域中获取现有的部门名称即可；

❻ 单击"确定"按钮。

设置完成之后，单击选中单元格，单元格右方会出现一个倒三角按钮，单击按钮即可进入下拉列表进行选择。

NO.177

设置二级下拉列表

扫码看视频 ＞

当有多级项目名称需要录入时，比如录入一级名称"部门"，如何设置联动的二级名称"职务"的下拉列表？

准备好多级项目名称参数表（见右图）。

一级名称"部门"下面对应的是其二级名称"职务"。

财务部	人事部	行政部
会计	主管	行政经理
出纳	招聘专员	档案管理员
稽核	薪酬福利专员	
	培训专员	

❶ 选择需设置一级下拉列表的单元格区域（部门）列；

❷ 单击"数据"–"数据验证"；

❸ 单击"序列"的"来源"，选择参数表中的部门名称单元格区域并确定；

这样一级列表就设置好了，后续的步骤请看一下页。

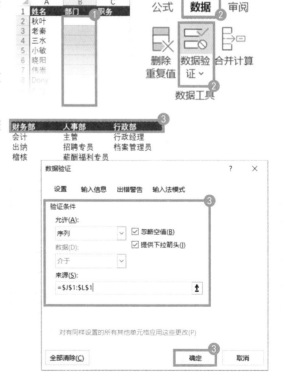

❹ 按组合键【Ctrl+A】全选名称参数表后，再按组合键【Ctrl+G】，单击"定位条件"；

❺ 选择"常量"，确定选择有数据的单元格；

❻ 在"公式"中单击"根据所选内容创建"；

❼ 选择"首行"，单击"确定"按钮；

❽ 选择需设置二级下拉列表的单元格区域（职务）列，进入"数据验证"；

❾ "序列"的"来源"输入公式：=INDIRECT(B2)，单击"确定"按钮。

NO.178

从图片中识别导入数据

扫码看视频 >

图片中的表格数据需要录入到电子表格中，有没有快速的识别录入方法？

使用 OCR 文字识别工具，即可快速从图片中识别导入数据。不同工具操作方法不同，本书以一款在线 OCR 工具——"诚华 OCR"为例演示操作。

❶ 准备好图片文件和 OCR 工具；

姓名	部门	职务	手机号码
秋叶	人事部	薪酬福利专员	15937129085
老秦	人事部	招聘专员	13770353887
三水	财务部	会计	18566063385
小敏	行政部	档案管理员	15989865116
晓阳	财务部	出纳	18780745148
伟崇	人事部	招聘专员	18683369136
Dony	财务部	稽核	15834668603
King	行政部	行政经理	15878008238
大宝	人事部	培训专员	13871546131

❷ 选择文件进行识别；

❸ 选择文件输出格式为".xlsx"；

❹ 单击"免费转换"等待转换结果；

❺ 单击"下载"即可下载转换后的表格。

OCR 识别工具还有很多，可以根据实际需求选择，这里再推荐两款：

1. 天若 OCR：可以直接快捷键截图识别，非常方便，需要下载软件至本地；

2. 微软 AI 识图：手机小程序直接使用。

NO.179

从网页中导入数据

扫码看视频 >

网页中的表格数据如果直接复制粘贴，会出现奇怪的格式和字符，如何快速导入网页表格数据？

❶ 单击 "数据" – "自网站"；

❷ 在 "URL" 中粘贴需导入数据的网址；

❸ 单击 "确定" 按钮；

❹ 在 "导航器" 中选择需要的 Table 表格；

❺ 单击 "转换数据" 进入 Power Query 编辑器；

❻ 单击 "主页" – "关闭并上载" 即可将表格数据导入 Excel 中。

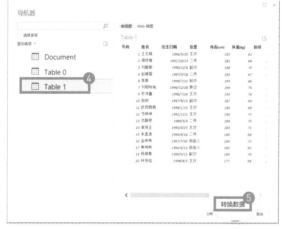

NO.180

输入负数自动显示红色

扫码看视频 ➤

有时输入数据，为了区分正负数，需要人工去标记字体颜色。

完全不必！

❶ 选择需输入数据的区域；

❷ 在"开始"中单击"数字格式"；

❸ 单击"数字"选项卡，选择"数值"；

❹ 在"负数"格式选项中选择一种格式；

❺ 单击"确定"按钮。

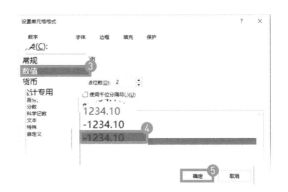

设置完成之后的单元格，如果输入负数，则会自动显示对应的红色字体格式。

在"设置单元格格式"中选择"自定义"，还能看到格式类型代码，这个代码是可以自定义的。

	A	B
1	姓名	分数
2	秋叶	0.47
3	老秦	-0.62
4	三水	0.90
5	小敏	-0.53
6	晓阳	-0.28
7	伟崇	0.76
8	Dony	类型(T):
9	King	

类型(T):

0.00_ ;[红色]-0.00

NO.181

快速添加文本单位

扫码看视频 >

录入数据如果每个都手动添加单位的话，不仅效率非常低，而且不便于后期做统计汇总。有一个办法可以快速添加文本单位，还不影响数据统计！

❶ 选择需输入数据的区域。

❷ 在"开始"中选择"数字格式"。

❸ 在"数字"选项卡中选择"自定义"。

❹ 在"类型"已有代码后添加"课时"。

注意：用一对英文引号把单位括起来。

❺ 单击"确定"按钮。

在设置完成的单元格中输入数字，就会自动出现单位。

NO.182

以万为单位显示数据

扫码看视频

用Excel统计数据，当数据的位数比较多时，数据大小识别起来不明显，我们可以让数据以万为单位来显示。

❶ 选择数据区域，按组合键【Ctrl+1】打开"设置单元格格式"对话框；

❷ "数字"-"自定义"格式类型设置为"0!.0,"。

自定义单元格格式具体操作详见技巧 NO.181。

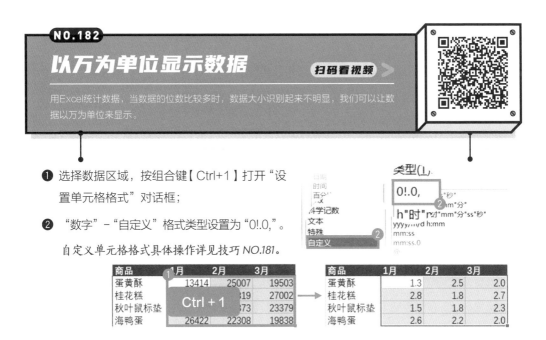

NO.183

快速将姓名两端对齐

扫码看视频

为使表格美观，需要将数据两端对齐看着整齐些。如何能快速将数据两端对齐呢？

❶ 选择数据区域，按组合键【Ctrl+1】打开"设置单元格格式"对话框；

❷ "对齐"-"水平对齐"选择"分散对齐（缩进）"。

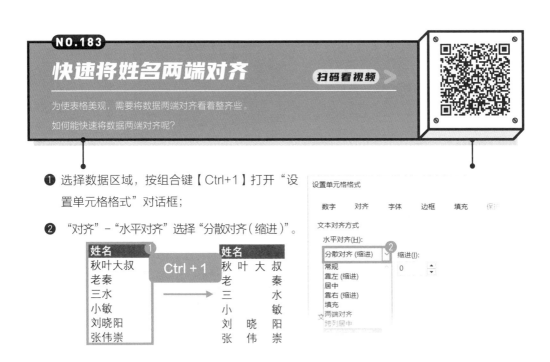

NO.184

在单元格内换行

扫码看视频 >

在Excel单元格内换行，按回车键可没有用！当然也不是狂敲空格！
那如何在单元格内换行？

单元格内自动换行：

在"开始"—"对齐方式"中选择"自动换行"。

自动换行可以根据单元格内容自动适应行高。

单元格内强制换行：

在需换行处，按组合键【Alt+Enter】即可强制
换行，内容会另起一段。

Alt + Enter

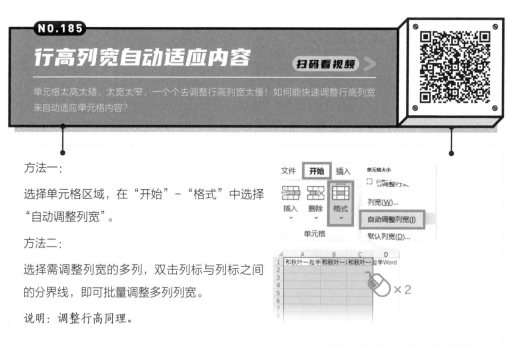

NO.185

行高列宽自动适应内容

扫码看视频 >

单元格太高太矮、太宽太窄，一个个去调整行高列宽太慢！如何能快速调整行高列宽
来自动适应单元格内容？

方法一：

选择单元格区域，在"开始"—"格式"中选择
"自动调整列宽"。

方法二：

选择需调整列宽的多列，双击列标与列标之间
的分界线，即可批量调整多列列宽。

说明：调整行高同理。

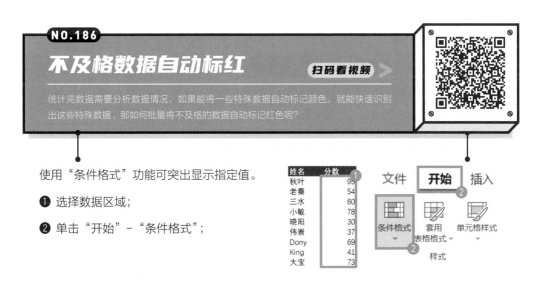

NO.186
不及格数据自动标红

扫码看视频 >

统计完数据需要分析数据情况，如果能将一些特殊数据自动标记颜色，就能快速识别出这些特殊数据。那如何批量将不及格的数据自动标记红色呢？

使用"条件格式"功能可突出显示指定值。

❶ 选择数据区域；

❷ 单击"开始"-"条件格式"；

❸ 单击"突出显示单元格规则"-"小于"；

❹ 将"小于"的值设置为及格线"60"；

❺ 在"设置为"中选择一种格式；

❻ 单击"确定"按钮。

设置完成之后即可实现"数据小于60自动变红"的效果。

补充知识点：用自定义单元格格式（详见技巧 NO.180）也可以实现字体变红的效果——自定义格式类型：[红色][<60]0;0。

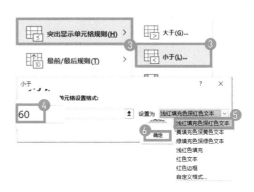

[红色][<60]0;0

NO.187

到期数据整行变色

扫码看视频 >

当数据列很多的时候，如果只有一个日期单元格到期提醒可能看起来不是很直观。那如何做到让到期的数据整行变色提醒？

要求：合同 30 天内到期数据整行变色。

❶ 选择数据区域 A2:D10；

❷ 在"开始"-"条件格式"中选择"新建规则"；

❸ 选择"使用公式确定要设置格式的单元格"类型；

❹ 编辑规则公式： =$D2-TODAY()<30；

❺ 单击"格式"进入格式设置，设置一个填充色；

❻ 单击"确定"按钮设置完成。

姓名	性别	籍贯	合同到期
秋叶	男	海南	2020/4/4
老秦	男	山西	2020/2/23
三水	女	广西	2020/8/10
小敏	女	广西	2020/3/6
晓阳	男	青海	2020/3/5
伟崇	男	福建	2020/6/12
Dony	男	西藏	2020/11/26
King	男	辽宁	2020/6/21
大宝	女	湖南	2020/4/2

注意

1. 选择区域当前活动单元格为 A2，所以编辑规则公式是按照 A2 单元格进行编写。

2. 公式中 $D2 单元格的引用是锁列不锁行。

3. 使用 TODAY 函数来获取当天日期（截图日期为 2020/1/27）。

方法一：格式刷

❶ 选择要复制格式的单元格区域；

❷ 单击"开始"中的"格式刷"；

❸ 再选择要粘贴格式的单元格区域即可。

方法二：选择性粘贴

❶ 选择单元格区域后按组合键【Ctrl+C】复制；

❷ 选择要粘贴格式的单元格区域；

❸ 单击"开始"-"粘贴"-"格式"。

❶ 选择需清除格式的单元格区域；

❷ 单击"开始"-"清除"-"清除格式"。

补充知识点：如何清除智能表格样式？

选择智能表格后，单击"表设计"-"其
他表格样式"-"清除"。

NO.190

快速修改表格配色方案

扫码看视频 >

Excel表格中的配色想要快速更换，除了一个个修改元素颜色，还有其他更快速的办法吗？

❶ 在 Excel 菜单栏中单击"页面布局"；

❷ 单击"颜色"可选主题配色方案；

❸ 或单击"自定义颜色"；

❹ "新建主题颜色"中的每一个着色都可以自定义。

主题颜色与调色面板中主题颜色位置对应关系如下图所示。

所以只要文件中颜色取的是主题颜色（非任意选择的其他颜色），那么只要修改主题色，整个文件的配色方案都会发生变化。

NO.191

跨文件移动/复制工作表

扫码看视频 >

一个工作簿中会有多个工作表，如果其中一个或几个工作表需要移动或复制到另一个
工作簿中，如何操作最快速？

❶ 选择需要移动或复制的工作表。

按住【*Ctrl*】键单击工作表标签可以多选工作表；

按住【*Shift*】键单击可以选择连续多个工作表。

❷ 单击鼠标右键，弹出菜单栏。

❸ 单击"移动或复制"弹出"移动或复制工作表"对话框。

❹ 在"工作簿"中选择另一个工作簿（或新工作簿）。

❺ 直接单击"确定"按钮，即可完成工作表的跨文件移动；或勾选
"建立副本"后单击"确定"按钮，即可完成工作表的跨文件复制。

NO.192

隐藏/显示工作表

扫码看视频 >

有时为了文件的保密或其他需求，我们需要将部分工作表隐藏或显示。
那如何隐藏/显示工作表？

隐藏工作表：

❶ 选择需隐藏的工作表，单击鼠标右键；

❷ 单击"隐藏"即可。

说明：可以选择多个工作表同时进行隐藏。

显示工作表：

❶ 在任意工作表标签上单击鼠标右键；

❷ 单击"取消隐藏"；

❸ 选择需取消隐藏的工作表，单击"确定"按钮。

说明：一次只能显示一个工作表。

批量显示工作表：

想要批量显示多个工作表，使用上面的方法是不能实现的，需要使用"自定义视图"。

❶ 在"视图"中选择"自定义视图"。

（具体操作看一下页）

❷ 在"视图管理器"中单击"添加"按钮。

❸ 输入视图的名称,单击"确定"按钮。"初始视图"就自定义完成了。基于这个"初始视图",可以任意隐藏工作表。

批量显示工作表的操作很简单。还是依次单击"视图"-"自定义视图"进入"视图管理器"中。

❹ 选择自定义好的"初始视图"。

❺ 单击"显示"按钮。

用这个方法可以实现批量取消隐藏多个工作表。不过注意,一定要先设置好初始视图,再进行工作表的隐藏,这个方法才有效。

NO.193

折叠隐藏超宽表格

扫码看视频

表格太宽不方便查看信息？那能不能把同类别的数据折叠在一起，想看的时候打开，不想看的时候折叠起来？

❶ 选择要折叠的多列单元格区域，如 A:C。

❷ 在"数据"–"分级显示"中选择"组合"。

在列标上方会看到出现两个层级，及一个折叠按

钮 − 。

❸ 单击折叠按钮即可将对应列折叠。

折叠之后按钮变成 + ，再单击即可展开。

NO.194

固定表头不动

扫码看视频

Excel中滚动鼠标上下查看数据时，表头会往上跑，这样非常不便于查看数据。
如何能固定住表头，让表头保持在可见范围内？

❶ 选择不需固定的第一个单元格（非冻结区域左上角单元格）；

❷ 单击"视图"–"冻结窗格"。

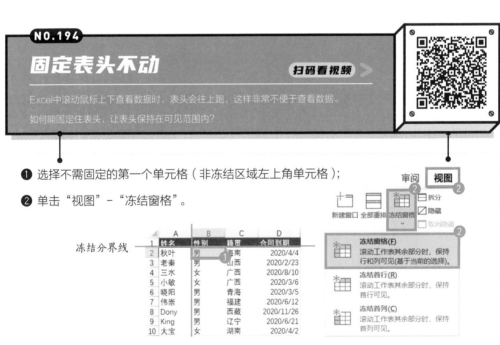

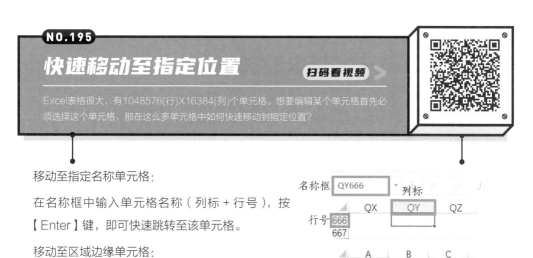

NO.195

快速移动至指定位置

扫码看视频

Excel表格很大，有1048576(行)×16384(列)个单元格。想要编辑某个单元格首先必须选择这个单元格，那在这么多单元格中如何快速移动到指定位置？

移动至指定名称单元格：

在名称框中输入单元格名称（列标＋行号），按【Enter】键，即可快速跳转至该单元格。

移动至区域边缘单元格：

按组合键【Ctrl+ 方向键（↓、→、↑、←）】可分别快速移动至连续数据区域的下、右、上、左边缘；

如果要求选择至边缘，则按组合键【*Ctrl+Shift+ 方向键（↓、→、↑、←）*】。

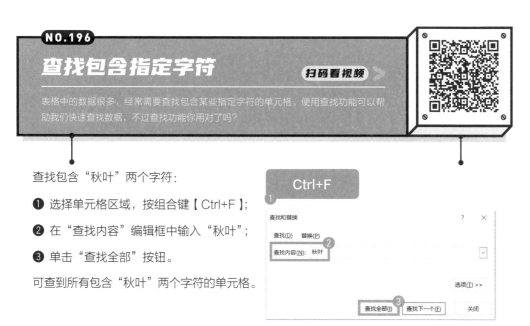

NO.196

查找包含指定字符

扫码看视频

表格中的数据很多，经常需要查找包含某些指定字符的单元格。使用查找功能可以帮助我们快速查找数据，不过查找功能你用对了吗？

查找包含"秋叶"两个字符：

❶ 选择单元格区域，按组合键【Ctrl+F】；

❷ 在"查找内容"编辑框中输入"秋叶"；

❸ 单击"查找全部"按钮。

可查到所有包含"秋叶"两个字符的单元格。

查找只有"秋叶"两个字符：

❶ 按组合键【Ctrl+F】打开"查找和替换"
对话框，单击"选项"按钮，弹出更多
查找选项可供设置；

❷ 勾选"单元格匹配"；

❸ 输入查找内容，单击"查找全部"按钮。
查找结果只包含"秋叶"两个字符的单元格。

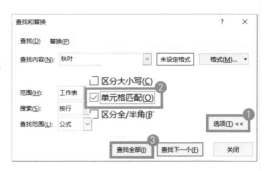

"单元格匹配"限制了查找结果必须和输入的查找内容完全一致。反之，不勾选"单元格匹
配"，只要单元格中包含查找内容，就是符合查找要求的结果。

将"单元格匹配"和通配符结合，可以更精确地限制查找要求，比如：

- 查找第 2、3 个字符是"秋叶"，查找内容可以是【? 秋叶 *】
- 查找最后两个字符是"秋叶"，查找内容可以是【* 秋叶】
- 查找第 1 个字符之后包含"秋叶"，查找内容可以是【?* 秋叶 *】

常用通配符解释：

*：代表任意个任意字符

?：代表任意一个字符

~：表示 ~ 右侧的符号为普通字符（非通配符）

补充说明：替换的通配符使用与查找完全一致。

NO.197

查找同一颜色的单元格

扫码看视频

Excel表中经常会用颜色来标记区分单元格属性，如果想要把某一种颜色单元格快速找出来，该怎么做？

❶ 选择需查找的单元格区域后，按组合键【Ctrl+F】打开"查找和替换"对话框。

❷ 单击"选项"按钮弹出更多查找选项。

❸ 单击"格式"按钮，弹出"查找格式"对话框。

在"查找格式"对话框中可以自定义格式包含单元格填充。

❹ 在"填充"中设置一个填充色，单击"确定"按钮。

❺ 在"查找和替换"对话框中单击"查找全部"按钮。

在查找结果中按组合键【Ctrl+A】即可全选中查找结果。

查找格式包括数字、对齐、字体、边框、填充、保护，这些格式只要可以进行设置，就可以批量查找，为我们快速定位目标单元格提供很大的帮助。

除了查找"填充颜色"，还可以查找"字体颜色""数值格式"等。

NO.198

查找合并单元格

扫码看视频 >>

在统计分析数据时，经常会弹出一条"有合并单元格"的提醒影响后续操作。可是表格那么大、数据那么多，根本看不见合并单元格在哪怎么办？

方法一：定位法

利用合并单元格中有空单元格的特性进行定位。

选择需查找合并单元格的单元格区域，按定位组合键【Ctrl+G】，打开"定位"对话框。

❶ 单击"定位条件"按钮；

❷ 在"定位条件"对话框中选择"空值"；

❸ 单击"确定"按钮。

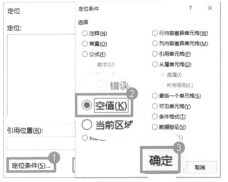

方法二：查找法

利用"查找格式"进行查找，前部分操作详见技巧 NO.197 的前 3 步。

❶ 在"对齐"-"文本控制"中勾选"合并单元格"；

❷ 在"查找和替换"中单击"查找全部"按钮。

在查找结果中，按组合键【Ctrl+A】可全选所有合并单元格。

方法一是利用合并单元格中有空值的特性来查找，但如果查找区域中有非合并的空单元格，用这个方法查找并不严谨。

而方法二是直接根据"合并单元格"的格式来进行查找，更加准确。

两种方法可以酌情选择使用。

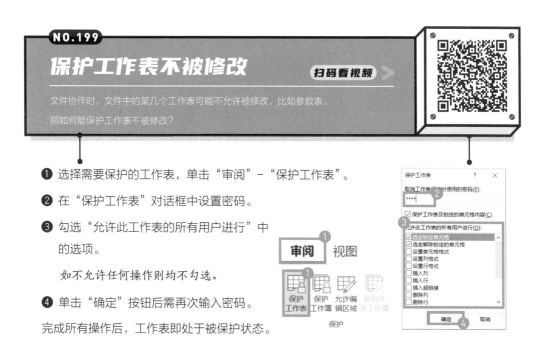

NO.199

保护工作表不被修改

扫码看视频 >

文件协作时，文件中的某几个工作表可能不允许被修改，比如参数表。
那如何能保护工作表不被修改？

❶ 选择需要保护的工作表，单击"审阅"-"保护工作表"。

❷ 在"保护工作表"对话框中设置密码。

❸ 勾选"允许此工作表的所有用户进行"中
的选项。

　　如不允许任何操作则均不勾选。

❹ 单击"确定"按钮后需再次输入密码。

完成所有操作后，工作表即处于被保护状态。

NO.200

为表格文件设置密码

扫码看视频 >

为防止文件内信息被无关人员获取，有时需要把整个文件上锁。
如何为表格文件设置密码？

❶ 单击"文件"-"信息"；

❷ 在"保护工作簿"中选择"用密码进行加密"；

❸ 输入两次密码确认即可。

友情提醒：一定要把密码和文件名做
好备忘，否则密码找不回来文件就打
不开了。

NO.201

限定表格编辑范围

扫码看视频 >

分发表格给他人填写时，总有人会改动表格结构。如何保护表格只允许在指定范围内编辑数据，而不能修改表格结构？

❶ 全选整个表格后按组合键【Ctrl+1】打开"设置单元格格式"，"保护"中确认勾选"锁定"；

❷ 选择允许编辑的单元格区域后，按组合键【Ctrl+1】，取消勾选"锁定"；

❸ 在"审阅"中单击"保护工作表"；

❹ 在"允许此工作表的所有用户进行"中只勾选"选定解除锁定的单元格"，设置密码即可。

NO.202

快速创建表格目录

扫码看视频 >

当工作簿中工作表的数目非常多的时候，想要快速浏览工作表的名称并且快速跳转对应的工作表非常麻烦，如何能快速创建一个表格目录？

首先安装一个方方格子插件，打开要创建目录的工作簿。

❶ 单击"方方格子"中的"表格目录"；

❷ 在弹出的对话框中，将目录"保存到新建工作表"，表名为"目录"；

❸ 勾选"返回按钮"后并做相关设置；

❹ 单击"确定"按钮完成表格目录创建。

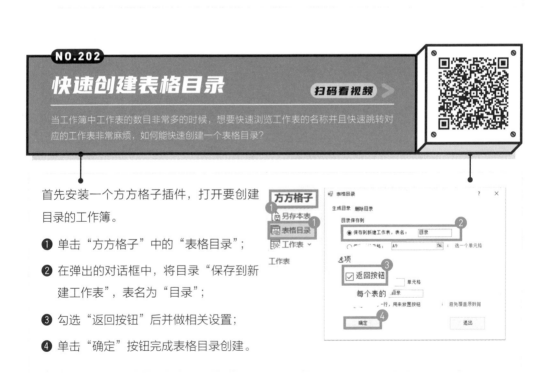

NO.203

打印表格边框

扫码看视频 >

有没有遇到过这样的情况：打印出来的Excel文件没有边框，可在电脑上看明明是有边框的。这是怎么回事？

Excel 中看到的表格边框其实是 Excel 的参考线——"网格线"。在"视图"选项卡中，可以取消显示"网格线"。想要打印表格边框有两种方法。

方法一：在"页面布局"中，勾选"打印"网格线，在打印时就能将有数据区域的网格线打印出来。

方法二：选择数据区域，在"开始"选项卡"字体"工具组中，点开所有框线的选项，单击"所有框线"，可将数据区域的边框添加上。如需设置框线的"颜色""线型"，可以在下方"绘制边框"中预先设置，然后添加框线。

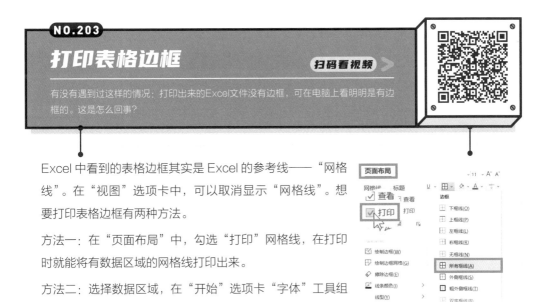

NO.204

居中打印表格

扫码看视频 >

表格不够一页纸宽度时，整个表格都挤在页面的左侧，右侧一片空白，没有居中看起来很不美观。如何在纸张上居中打印表格呢？

❶ 单击"页面布局"-"页面设置"工具组右下角的更多设置按钮；

❷ 在"页面设置"对话框中单击"页边距"选项卡；

❸ 勾选"水平"居中方式，即可居中打印表格。

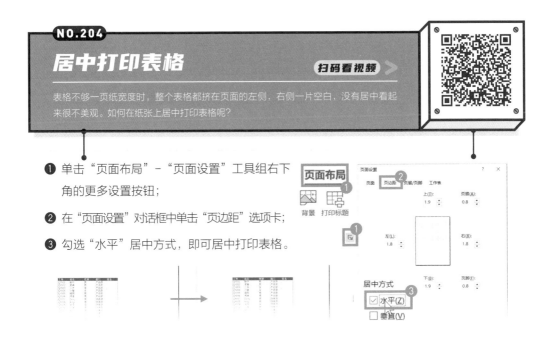

NO.205 纵向打印变横向打印

扫码看视频 >

当表格很宽，纸张宽度不够打印时，可以将纸张的方向旋转90°，由纵向打印变为横向打印。

打开要打印的工作表，做以下操作：

❶ 单击"页面布局"选项卡；

❷ 在"页面设置"工具组中，单击"纸张方向"；

❸ 单击"横向"即可调整打印方向。

同样的纸张大小，当把纸张长边当做宽边放置表格时，可以放更多数据，或者可以把表格变大些。

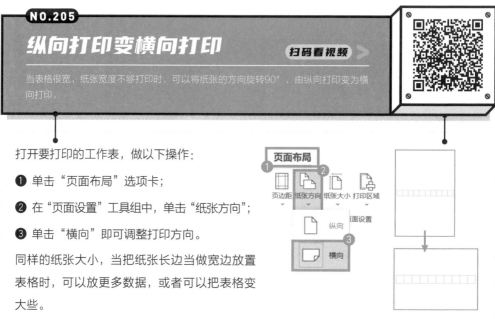

NO.206 打印选定的区域

扫码看视频 >

表格中数据过多时，全部打印不仅废纸，可能还看不清楚。如果能只打印其中一部分需要的区域就可以解决这个问题。在Excel中如何设置只打印局部区域？

❶ 选中需要打印的单元格区域；

❷ 在"页面布局"中，单击"打印区域"；

❸ 单击"设置打印区域"。

如果要打印多个数据区域，可以在第❶步中按住【Ctrl】键的同时选中多个数据区域，打印的结果会分别放置在不同页上。

NO.207

每一页自动添加表头

扫码看视频

打印很长的数据表格时，需要每一页都添加上表头标题行。如果一页页手动添加，当数据发生增删时，添加的表头还会改变位置，又得重新调整，太麻烦了！

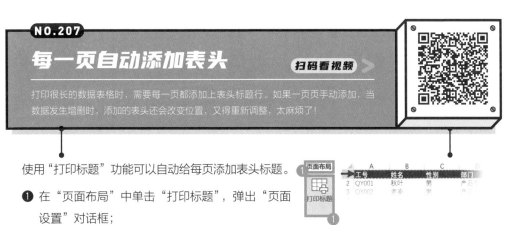

使用"打印标题"功能可以自动给每页添加表头标题。

❶ 在"页面布局"中单击"打印标题"，弹出"页面设置"对话框；

❷ 单击"打印区域"编辑框，选择需打印的数据区域，如不设置，Excel 会自动识别当前活动单元格的连续数据区域；

❸ 单击"顶端标题行"编辑框，移动指针至标题行上，当指针变成黑色箭头时，选中标题行，单击"确定"按钮即可。

NO.208

快速压缩到一页宽打印

扫码看视频

打印表格时经常发现，因为表格宽了一点点，导致表格跨页打印，完整的一行数据被拆到了两页纸上。那如何能快速将表格压缩在一页宽纸上进行打印？

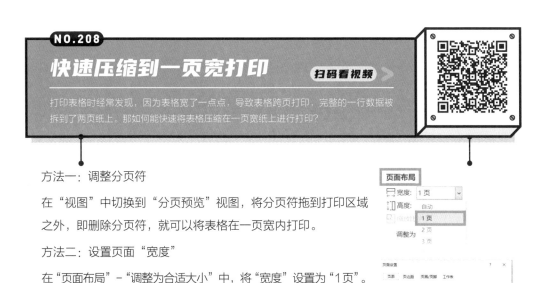

方法一：调整分页符

在"视图"中切换到"分页预览"视图，将分页符拖到打印区域之外，即删除分页符，就可以将表格在一页宽内打印。

方法二：设置页面"宽度"

在"页面布局"-"调整为合适大小"中，将"宽度"设置为"1页"。

这个方法简单直接，无论表格多宽，都会把它设置在一页宽内打印。同理，要限制表格高度在固定的页数上，设置"高度"即可。也可以在"页面设置"中进行缩放的设置。

NO.209
批量添加Logo及文件名 （扫码看视频 >）

很多正式文件中，都要求在每页页眉上添加一个Logo，在Excel中如何批量添加Logo或文件名称等信息？

❶ 在"页面布局"–"页面设置"工具组中单击更多设置选项。

❷ 在"页面设置"–"页眉/页脚"中单击"自定义页眉"。

弹出的"页眉"对话框中，下方三个编辑框分别是页眉的"左部""中部""右部"，可以分别进行设置。

编辑框上方是所有能在页眉中插入的信息，包括文本、页码、页数、日期、时间、文件路径、文件名、工作表名及图片。

❸ 单击"右部"编辑栏，然后再单击"插入图片"。

❹ "从文件"获取图片，在本地文件中找到 Logo 图片，插入即可。

插入后，右部编辑栏会出现"&[图片]"，表示图片插入成功。

在页眉中插入 Logo 图片，每页的页眉右部都会出现 Logo，这样就实现了批量添加 Logo。

同理，如果要在页脚批量添加文件名，可以在"自定义页脚"中单击"插入文件名"。

NO.210
表格批量添加水印

扫码看视频 >

公司一些保密文件需要加水印，Excel中加水印的方法有很多，插入图片、插入艺术字，但是想要批量添加水印，这些方法都实现不了，那怎么办？

使用"自定义页眉"可以批量添加水印。

在页眉中部插入水印图片，具体操作详见技巧NO.209。插入完成后，打印预览一下效果，看图片的大小是否合适，如果不合适，则调整图片格式。

❶ 单击中部编辑框，然后再单击"设置图片格式"；

❷ 在"设置图片格式"-"大小"中，调整"比例"至合适值；

❸ 在"图片"中设置"颜色"为"冲蚀"；

❹ 如不想水印有颜色，可将"颜色"再叠加一个"灰度"。

分步效果如下：

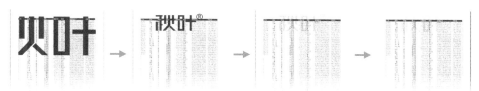

到这一步，水印效果已经实现了，但水印位置在表格顶部，如何把水印下移？

页眉页脚中图片的位置不能进行设置，不过可以这样做：

在代码"&[图片]"前按【Enter】键进行换行，即在图片前插入多个空行，就能实现将水印图片向下移动的效果。

如果要求一页中多个 Logo 水印平均分布在整页上，应该怎么实现？

页眉页脚每一节只能添加一张图片，不过可以这样做：

先在 PPT 或其他工具里，把多个 Logo 排列好，把它们变成 1 张图片后，再插入页眉就可以了。

NO.211 自定义页码样式

扫码看视频 >

每个公司的报表格式要求都不一样，一个页码就可能有千奇百怪的样式要求，在Excel中如何自定义页码样式？

页眉页脚编辑框中的内容，可以手动输入文本，也可以单击上方按钮快速插入，多个部分的内容会自动连接。应用这个特性，我们可以自定义页码的样式。

以设置"秋叶团队 1 月份业绩表第 1 页"样式为例：

先在页脚中部"插入页码"（具体操作见技巧 NO.209），然后在页码代码的前面输入文本"秋叶团队 1 月份业绩表第"，其后输入"页"，生成的结果就是"秋叶团队 1 月份业绩表第 1 页"样式。

将"&[页码]"与"&[页数]"结合还可以有更多种样式。

自定义格式	效果示例
&[页码]/&[页数]	1/5
第&[页码]页，共&[页数]页	第1页，共5页
第 &[页码] 页	第 1 页

NO.212

打印的表格文字缺失

扫码看视频 >

表格预览时显示正常，打印时却有部分文字不见了或是压线，这个问题怎么解决？

表格显示和打印有出入是正常的，只需把行高设置得高一些，就可以解决此问题。那如何快速将所有单元格行高变高？

❶ 找到原表格中占用行高最高的列，以该列为参照列，并且用"选择性粘贴"将该列的列宽复制到旁边一空白列，把该空白列作为辅助列。

❷ 在辅助列输入公式：=A2&CHAR(10)&CHAR(10)。

假设 A2 是参照列的单元格，将 A2 的单元格内容与两个换行符连接，相当于把单元格内容增加了两行。

❸ 全选工作表区域，双击行标与行标之间的分界线，自动适应行高，即可将所有行高变高两行。

NO.213

批量打印多个工作表

扫码看视频 >

日常工作中很多时候需要打印多个表，如果打印一个表之前需要先打开这个表，然后打开一个打印一个，岂不是太慢了？难道就不能一次打印出来吗？

打印整个工作簿：

依次单击"文件"-"打印"，设置为"打印整个工作簿"，即可批量打印工作簿中的所有工作表。

打印活动工作表：

当前活动工作表即选中的工作表。按住【Ctrl】键即可选择多个工作表，按住【Shift】键可选择连续的多个工作表。选中多个工作表之后，在打印设置中单击选择"打印活动工作表"，即可批量打印多个工作表。

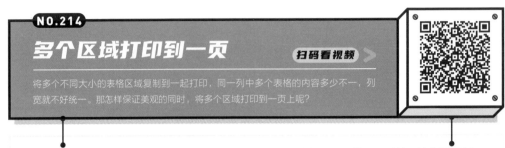

使用"选择性粘贴"将表格区域变成图片，再将多个图片放在一页上就不再受单元格位置限制了。

❶ 选择表格区域，按快捷组合键【Ctrl+C】复制；

❷ 在"开始"-"粘贴"中单击"链接的图片"。

链接的图片的特点是：当原数据区域中的单元格值或格式发生变动时，链接的图片也会随着变化。

所以用链接的图片不仅可以保留原表格的格式，还能突破网格线的限制与其他不同大小的表格放在一起，并且能随意调整位置和大小。

使用"分类汇总"功能可以快速实现分类自动分页打印。在设置前需将分类字段按照"升序"排序，将同类数据进行归类。

❶ 在"数据"选项卡中单击"分类汇总"；

❷ 在"分类汇总"对话框中，先选择分类字段，然后汇总方式和汇总项均任选一个；

❸ 勾选"每组数据分页"后单击"确定"按钮。

按打印快捷组合键【Ctrl+P】预览打印效果，已经按照"学历"字段将数据分页打印。

NO.216

快速删除空行

扫码看视频 »

数据源中如果有空行，会影响数据的排序、筛选、统计等。
那如何批量删除数据中的空行呢？

方法一：定位

❶ 选择数据源中的一列，按快捷组合键【Ctrl+G】
后，在"定位"对话框中单击"定位条件"。

❷ 选择"空值"-"确定"。

❸ 在选中的任一单元格上单击鼠标右键，选择
"删除"命令。

或者使用删除行快捷组合键【Ctrl】+【-】。

❹ 选择"整行"后确定即可。

方法二：排序

❶ 选择整个数据区域；

❷ 在"数据"选项卡中单击"升序"。

即可将空白行排到最末尾，相当于把空白行删除。

方法三：筛选

❶ 选择整个数据区域，单击"筛选"打开筛选器
按钮；

❷ 在其中一个筛选器中，将"空白"筛选出；

❸ 选中筛选出的空白行，右键选择"删除行"后
清除筛选即可。

165

NO.217
快速统一部门名称

扫码看视频 >

汇总信息时发现：明明是同一个部门，却有N种写法，统计数据两行泪。
如何能快速统一同个部门的名称？

❶ 选择数据区域，单击"数据"–"筛选"；

❷ 单击"部门"筛选器，在筛选列表中勾选所有同一部门的不同名称，比如"人事部"所有名称，确定；

❸ 在筛选结果中选择部门列的所有数据单元格，输入"人事部"，按批量填充快捷组合键【Ctrl+Enter】，即可批量统一部门名称。（第❸步操作详见技巧 NO.167）

其他部门名称需统一，重复❷❸步操作即可。

NO.218
金额快速除以10000

扫码看视频 >

输入完一堆金额数据后，被告知需要以万为单位录入，需要一个个重新输入吗？
不用！一招快速搞定！

在任一单元格输入"10000"后，按快捷组合键【Ctrl+C】复制该单元格，然后选择需要除以 10000 的数据区域。

❶ 在"开始"–"粘贴"中单击"选择性粘贴"；

❷ 选择"运算"中的"除"，单击"确定"按钮。

注意：此操作是不可逆的，是切实将单元格的值除以 10000，如只需以万显示数据详见技巧 NO.182。

NO.219

快速整理不规范日期

扫码看视频 ＞＞

不规范的日期是不被Excel识别的，所以对于后期的数据统计分析会有非常大的阻碍。
不规范日期各有各的不规范，那如何快速把它们变规范？

整理不规范日期前，先选中日期列（单列）。

❶ 单击"数据"-"分列"进入"文本分列向导"；

❷ 连续单击两次"下一步"按钮跳过向导前两步；

❸ 向导第三步中选择"列数据格式"为"日期"，
且格式为"YMD"，单击"完成"按钮。

使用"分列"可以规范大多数不规范的日期，但如果还
是有特殊不规范的日期，还需利用其他手段进行处理。

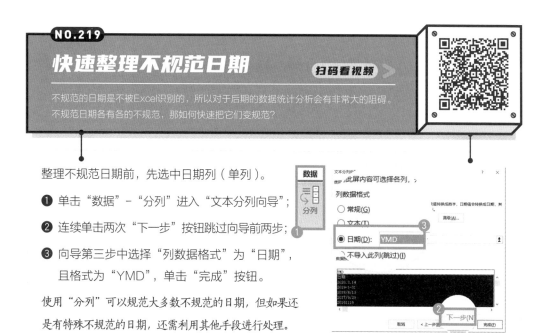

NO.220

文本型数字转换为数值

扫码看视频 ＞＞

文本型数字是文本，没有大小之分，也不能做求和函数运算（可以做四则运算）。那
如何能快速把文本型数字转换为可以计算的数值型数字？

方法一：选择性粘贴（具体操作可参见技巧 NO.218）

复制一个空单元格，选择需转换的单元格区域，单击"选择性粘贴"-"运算"-
"加"/"减"。

方法二：分列

选择数据列，单击"数据"-"分列"，直接单击"完成"按钮。

方法三：错误检查功能

选择文本型数字区域后，弹出一个错误选项，单击选项里的"转换为数字"。

NO.221
身份证提取出生日期

扫码看视频 >

人事在整理员工档案时，需要通过身份证号码提取员工的出生日期。手动输入比较麻烦，并且还容易出错，那有什么方法可以快速提取？

❶ 选择身份证单元格区域后，单击"数据"-"分列"；

❷ 在向导第 1 步，选择"固定宽度"；

❸ 在向导第 2 步，在身份证号的第 6、14 位后分别单击一次，添加两条分列线将身份证号分成三段，单击"下一步"按钮；

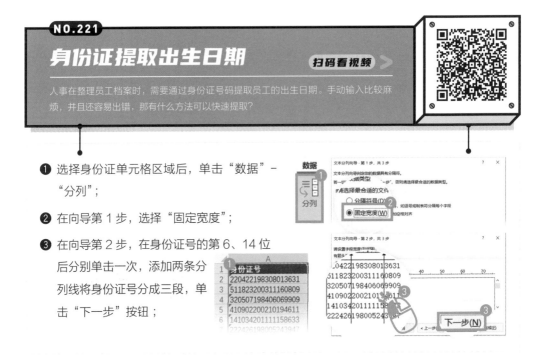

❹ 在"数据预览"中选择第 1 段数据，将其"列数据格式"设为"不导入此列（跳过）"；（第 3 段数据采用同样的操作）

❺ 第 2 段数据的"列数据格式"设为"日期"，格式为"YMD"；

❻ 在"目标区域"选择要放置的单元格位置，单击"完成"按钮。

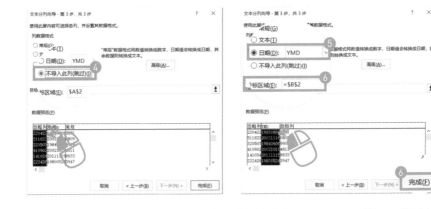

NO.222

按分隔符拆分到多列

扫码看视频 ❯

一些系统导出的数据是用分隔符将所有信息放在一个单元格中的，想要把所有信息拆分开，一个个复制粘贴肯定不行，有没有更快速的办法呢？

❶ 选择数据区域，单击"数据"-"分列"。

❷ 在向导第 1 步，选择"分隔符号"。

❸ 在向导第 2 步，选择数据中的分隔符号。

　　本案例中分隔符号是英文逗号，所以直接勾选"逗号"，如没有选项，可勾选"其他"自定义。

❹ 在向导第 3 步，观察这些信息的格式是否符合要求，放置的"目标区域"是否合适。

　　本案例中有一列是身份证号码，是长数字，需要将其导出为"文本"格式。

❺ 单击"完成"按钮即可拆分成多列数据。

NO.223

地址中提取省市县信息

扫码看视频 >>

快递业务中,有非常重要的一环是要把快递地址中的省、市、县提取出来。但地址有长有短、分隔符也不规律,如何才能快速提取出里面的省市县信息?

最快的方法是使用外部插件,本案例使用"方方格子"插件,直接到其官网下载安装即可。

安装完成,在 Excel 中会出现"方方格子"选项卡。

具体操作步骤如下:

❶ 选择地址数据单元格;

❷ 在"方方格子"-"高级文本处理"-"更多"里单击选择"提取地址";

❸ 确认"获取地址"中的"区域";

❹ 选择存放省市县的位置,"确定"后即可获取省市县的信息。

	A
1	地址
2	贵州省黔东南苗族侗族自治州凯里市
3	安徽六安市金安区
4	辽宁省沈阳市苏家屯区
5	浙江省丽水市遂昌区
6	海南省海口市美兰区
7	四川宜宾南溪
8	河南省周口市西华县
9	四川省甘孜藏族自治州丹巴县
10	山东省泰安市宁阳
11	新疆维吾尔自治区乌鲁木齐市水磨沟区

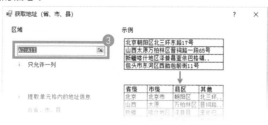

NO.224
按分隔符拆分到多行　扫码看视频 ▶

记录数据时，经常会把一个组的数据记录在一个单元格里。这样后期不利于做分组的汇总统计，那如何把这些数据拆分到一行行里呢？

使用 Power Query 可以快速实现拆分到行。

版本说明：案例截图为 2019 版 Excel，自 2016 版及以上的 Excel 都自带 Power Query 功能。

❶ 选择数据区域，单击"数据"-"自表格 / 区域"（部分版本是"从表格"）；

❷ 弹出"创建表"对话框，确认勾选"表包含标题"（如果数据区域不包含标题则不勾选），"确定"后进入 Power Query 编辑器中；

❸ 单击"人员"列标题选中整列数据；

❹ 在"主页"-"拆分列"中选择"按分隔符"拆分；

❺ 在弹出的"按分隔符拆分列"对话框中进行如下设置：

● 选择或输入分隔符为"、"（如数据中的分隔符一致，Excel 会自动识别出分隔符）

● 拆分位置为"每次出现分隔符时"

● 点开"高级选项"，选择拆分为"行"

❻ 单击"主页"-"关闭并上载"将数据传至 Excel。

使用 Power Query 直接将数据按分隔符拆分到"行",非常轻松!

但此功能是 2019 版起才有的新功能,旧版本只能拆分到"列"。那又该如何拆分到"行"?

❶❷❸❹ 步操作完全相同,在第 ❺ 步,将数据拆分到"列",然后使用技巧 NO.235 将除第 1 列的其他列"逆透视列",即可将数据转换到多行上。

NO.225

按类别拆分数据到多表

要求将一个表格按类别把数据拆分到多个工作表中,你会怎么做?一类类筛选,然后复制粘贴吗?不用,有更快的方法!

❶ 选择数据区域,单击"插入"-"数据透视表",将透视表创建在新工作表中。

❷ 将拆分依据字段拖入到"筛选"区域,其他字段均拖入"行"区域。

本案例中需按照"训练营"进行拆分数据,故将除"训练营"的所有字段拖入行区域。

❸ 在"数据透视表设计"-"报表布局"中选择"以表格形式显示"。

❹ 在"数据透视表分析"-"选项"中单击"显示报表筛选页"。

❺ 选定要显示的报表筛选页字段"训练营",单击"确定"按钮。

操作完成,数据按照"训练营"中的类目拆分到不同的工作表中,并且以对应的类目命名工作表名称。

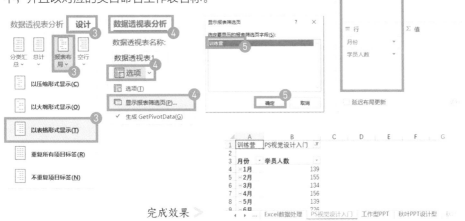

完成效果 >

NO.226

拼接多个数据

扫码看视频 >>

要想将一些数据连接在一起拼合成一个数据，除了一个个手动复制粘贴之外，你还能想到什么方法？

方法一：文本连接符 "&"

用 "&" 能拼接数据，举例：=A2&B2&C2

特征：类似加减运算，上手容易。但当数据比较多时，一个个连接效率很低。

方法二：CONCAT 函数

举例：=CONCAT(C4:F4)

特征：连接的数据可以是一个个单元格，也可以是一个区域，但不能屏蔽错误值。

方法三：PHONETIC 函数

举例：=PHONETIC(A2:C2)

特征：该函数会忽略空白单元格，它不支持数字、日期、时间、逻辑值、错误值等。所以，如果参数中某个单元格计算结果是错误值，并不会影响 PHONETIC 的结果。

方法四：TEXTJION 函数

举例：=TEXTJOIN(",",TRUE,A2:C2)

特征：该函数可以用分隔符连接各个数据，灵活性比较高。并且能自主选择是否忽略空单元格。

使用函数公式拼接数据的优势在于可以自动更新。除这些方法，还有一些一次性的拼接方法，比如：快速填充、外部插件，方法有很多，可根据实际场景需求进行选择。

NO.227

合并多个工作表

扫码看视频 ﹥

年终做销售报表，但销售明细表按月放在12个工作表中，想要快速统计，必须把12个工作表的数据合并到一个工作表中。

首先准备好一个存有所有数据的工作簿。

❶ 打开 Excel，单击"数据"-"获取数据"-"来自文件"-"从工作簿"。

❷ 找到准备好的工作簿文件，"导入"。

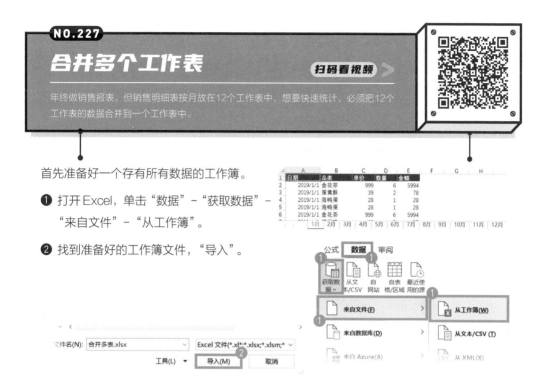

❸ 在弹出的"导航器"对话框中，单击"合并多表.xlsx"选择整个工作簿。

❹ 单击"转换数据"进入 Power Query 编辑器中。

❺ 单击选择"Data"列标题之后，单击鼠标右键，选择"删除其他列"。

（后续步骤见下页）

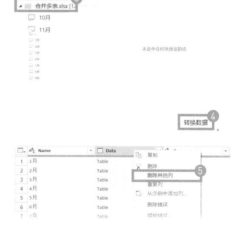

❻ 单击"Data"标题旁的"展开"按钮。

❼ 取消勾选"使用原始列名作为前缀",单击"确定"按钮。

到这一步,一个工作簿多个工作表的数据已经合并完成。但仔细一看会发现,原表中的标题行也作为数据行被合并在里面。所以还需要继续进行后面的操作,将数据进行整理。

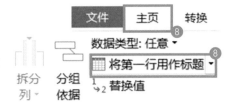

❽ 在"主页"中单击"将第一行用作标题"。

❾ 单击"日期"旁的筛选器,取消勾选"日期"数据,单击"确定"按钮完成数据筛选,这样就可以把其他多余的标题行删除了。

完成以上操作后,单击"主页"-"关闭并上载"将合并完成的数据上载至 Excel 中。

数据合并完成,接下来做数据统计就很方便了。

若原工作簿中的数据发生更改,在"数据"中单击"全部刷新"按钮,合并的数据也会自动更新。

NO.228

多条件筛选

扫码看视频 ≫

单条件筛选非常简单，直接打开"筛选"，在筛选器中进行条件设置即可。但多条件
筛选情况就比较复杂了，如何做多条件的数据筛选？

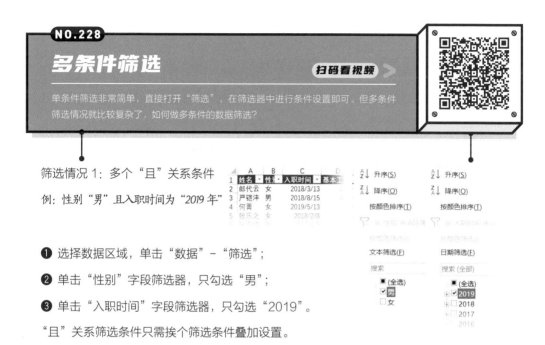

筛选情况1：多个"且"关系条件

例：性别"男"且入职时间为"2019年"

❶ 选择数据区域，单击"数据"–"筛选"；

❷ 单击"性别"字段筛选器，只勾选"男"；

❸ 单击"入职时间"字段筛选器，只勾选"2019"。

"且"关系筛选条件只需挨个筛选条件叠加设置。

筛选情况2：同一字段"或"关系条件

例：姓"王"或姓"李"

❶ 单击"姓名"筛选器，在搜索框内输入"王
*"，用通配符来进行单元格匹配；

❷ 单击"姓名"筛选器，在搜索框内输入"李*"；

❸ 勾选"将当前所选内容添加到筛选器"。

筛选结果既包含姓"王"的信息，也包含姓"李"
的信息。

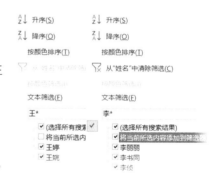

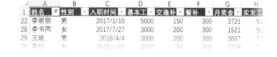

完成效果 ≫

关键动作是要在筛选时勾选"将当前所选内容添加到筛选器"，这样前面筛选的结果才不会
被清掉。

筛选情况 3："且""或" 条件均有

例：姓"王"且基本工资为"3000"；姓"李"且月奖金">3000"

当筛选条件关系比较复杂时，还用前面两种情况的方法来筛选行不通了，这种情况下我们可以使用"高级筛选"功能。

❶ 将筛选条件列在 Excel 中，条件设置关键点：

- 字段标题必须与数据源标题一致
- 同一行上的条件为"且"关系
- 不同行的条件为"或"关系
- 数值的比较运算符号要写对

❷ 选择数据源区域，在"数据"中选择"高级"；

❸ 在弹出的"高级筛选"对话框中，选择"列表区域"和"条件区域"；

❹ 单击"确定"按钮即筛选完成。

且

姓名	基本工资	月奖金
王*	3000	
李*		>3000 ❶

或

补充知识点

1. 数值比较运算符号对照表见右表。如果筛选条件是介于两个数值之间，那就把条件拆成两个放在同一行上。

2. 通配符的使用可以参考技巧 NO.196。

比较符	含义
>	大于
<	小于
>=	大于等于
<=	小于等于
<>	不等于

NO.229

多条件排序

扫码看视频 ▶

在做数据分析时，经常会需要按照条件1做升序排序，按照条件2做降序排序……
面对复杂的排序条件时，如何能高效进行排序？

排序的操作比较简单，但当排序条件比较复杂时，非常容易把排序的主次顺序搞混，所以建议打开"自定义排序"对话框设置排序条件。

要求：数据按基本工资的"降序"排列，相同基本工资的按入职时间的"升序"排列。

分析：有两个条件，分别是"基本工资"的"降序"和"入职时间"的"升序"，前者优先级更高。

❶ 选择数据区域，单击"排序"打开"排序"对话框。

❷ 单击两次"添加条件"，新增两个条件。

越上方的条件越主要，所以第 1 个条件是"基本工资"的"降序"，第 2 个条件是"入职时间"的"升序。"

❸ 按照下图所示分别设置"关键字"的"排序依据"和"次序"。

排序依据除了"单元格值"，还可以是"单元格颜色""字体颜色""条件格式图标"，根据实际排序条件选择。

NO.230

数据随机排序

扫码看视频 >

某些情况下，需要对原始排列有序的数据随机打乱顺序，如何用Excel的排序功能做出这种效果？

要求：将姓名列随机排序

❶ 在姓名列旁增加一个辅助列，输入公式：=RAND()。

RAND 函数生成 0 ~ 1 的随机小数。

❷ 选择辅助列的任一单元格，单击"升序"/"降序"。

注意：如果姓名列没有随机排序，检查一下姓名列和辅助列是不是一个连续数据区域。

姓名	辅助列
Dony	0.873418
秋叶	0.036993
大宝	0.610873
King	0.657646
老秦	0.7789

NO.231

部门按指定顺序排序

扫码看视频 >

一些公司的数据表格在部门顺序上是有严格要求的，如何让数据按照指定的部门顺序进行排序？

预先添加一个自定义部门序列，详细操作参考技巧 NO.170。

❶ 选择数据区域，单击"数据"–"排序"打开自定义排序，按照"部门"的"单元格值"进行"自定义序列"排序；

❷ 在"自定义序列"中选择自定义的部门序列，单击"确定"即可。

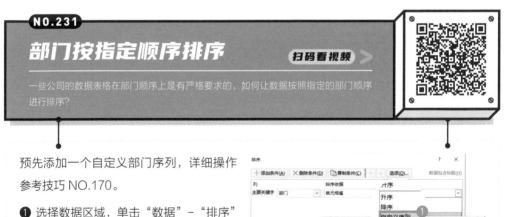

排序的操作确实是不可逆的，想要能随时回到初始顺序，可以在排序之前先给源数据添加一列序号辅助列。

❶ 在数据源旁添加一个辅助列，录入连续的数字序列。

连续序号的录入详见技巧 NO.168。

❷ 接下来进行任何排序操作之后，只要根据辅助列进行"升序"排序，就可以恢复初始顺序。

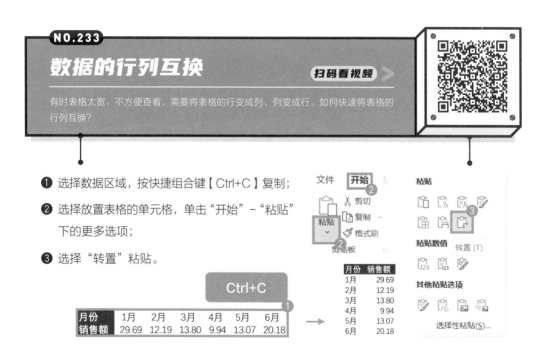

❶ 选择数据区域，按快捷组合键【Ctrl+C】复制；

❷ 选择放置表格的单元格，单击"开始"-"粘贴"下的更多选项；

❸ 选择"转置"粘贴。

NO.234
同类数据合并到一个单元格 扫码看视频 >

有时会遇到这样的需求：将符合同类条件的多个结果全部放到一个单元格内。有没有快速的办法能合并同类数据到一个单元格里呢？

选择数据区域，依次单击"数据"-"自表格/区域"进入 Power Query 编辑器，详细操作步骤可参照技巧 NO.224。

❶ 单击"主页"-"分组依据"进入"分组依据"设置。

❷ 指定分组所依据的列为"部门"列。

❸ 需输出的列为对"姓名"列的"求和"，自定义新列名为"合并"，单击"确定"按钮。

操作完毕，表中会出现一个"合并"列，但所有数据都为"Error"。这是因为对文本数据进行求和是会出错的，所以需要继续做些调整。

❹ 在数据上方的公式编辑栏中对公式做以下部分修改：

将【 each List.Sum([姓名]) 】改为【 each Text.Combine([姓名],"、") 】

= Table.Group(更改的类型, {"部门"}, {{"合并", each List.Sum([姓名]), type text}})

= Table.Group(更改的类型, {"部门"}, {{"合并", each Text.Combine([姓名],"、"), type text}})

解释说明：将"求和"换成"文本合并"，并且在数据之间以"、"分隔，如果换成其他分隔符或不加分隔符（直接把 Text.Combine 的第 2 个参数删除）也是可以的。

合并完成之后，将数据【关闭并上载】回 Excel 即可。

	部门	合并
1	人事部	三水、伟崇、King
2	行政部	秋叶、老姜、Dony
3	产品部	大宝
4	财务部	小敏、晓阳

NO.235

多列同类数据转单列

扫码看视频 >

同类数据在多列中，不利于统计分析。所以一般会将多列同类目的数据转换成单列，也就是将二维表转换成一维表，方便做数据统计。

使用 Power Query 可以实现表格二维转一维。

❶ 选择数据区域，单击"数据"-"自表格 / 区域"进入 Power Query 编辑器。

如数据区域不是智能表格，需"创建表"转换为智能表格。

❷ 按住【Shift】键，单击"1月"和"4月"列标题，快速选中连续的同类目列。

❸ 在"转换"中单击"逆透视列"。

训练营	1月	2月	3月	4月
Excel数据处理	3550	2720	1480	2530
工作型PPT	1680	3130	1660	1520
秋叶PPT设计型	340	2690	2730	1990
秋叶手绘	1360	180	2890	2300
PS视觉设计入门	3610	2040	3080	3170

逆透视表完成效果如右图所示。

接下来将数据"关闭并上载"回 Excel 即可。

183

NO.236

两列数据对比找不同

扫码看视频 >

有时为了确认数据是否正确或数据是否被修改，需要比对两列数据是否有差别。如何快速对比找出两列数据中不同值有哪些？

方法一：比较运算法

添加辅助列，输入公式：=B2=C2，向下填充公式。

结果为"*TRUE*"则为相同；"*FALSE*"则为不同。

方法二：定位法

选择数据区域，按定位快捷组合键【Ctrl+G】，单击"定位条件"后选择"行内容差异单元格"，即可查找不同。或选中区域后直接按快捷组合键【Ctrl+\】，如该快捷组合键使用不了，按照前面的操作也一样可以定位不同值的单元格。

NO.237

根据编号自动查找信息

扫码看视频 >

大多数表中都有编号字段，一个唯一的编号，对应一条信息。有时我们需要根据编号来获取其他信息，那如何才能根据编号自动查找信息？

要求：根据 E2 单元格的工号查找"姓名"。

使用 VLOOKUP 函数查找，在 F2 单元格输入公式：=VLOOKUP(E2,A:C,2,FALSE)。

函数参数说明如下。

第 1 参数：查找值 E2。

第 2 参数：查找值所在的区域 A:C 列（区域的第一列必须是查找值所在的列）。

第 3 参数：区域中包含返回值的列号，即"姓名"在 A:C 的第"2"列。

第 4 参数：需要返回值的精确匹配，选择"FALSE"。

NO.238

从右往左查找信息

扫码看视频 ≫

有一些数据查找，查找值是在返回值的右边，这时候VLOOKUP函数用不了了，该怎么办？

要求：根据 E2 单元格的姓名查找"工号"。

用 INDEX+MATCH 组合函数，在 F2 单元格输入公式：=INDEX(A:A,MATCH(E2,B:B,0))。

INDEX 函数说明如下。

返回表或数组中元素的值，由行号和列号索引
选择。

语法：*INDEX(array, row_num, [column_num])*

第 1 参数：查找区域 / 数组，选择索引"工号"的 A 列。

第 2 参数：区域 / 数组中的第几行，这里用 MATCH 函数来获取得 E2 单元格数据在 B 列
中的位置。

第 3 参数：区域 / 数组中的第几列（可选参数），这里只有一列，可忽略。

MATCH 函数说明如下。

在单元格区域中搜索特定的项，然后返回该项在此区域中的相对位置。

语法：*MATCH(lookup_value, lookup_array, [match_type])*

第 1 参数：查找值，E2 单元格。

第 2 参数：查找区域，选择"姓名"的 B 列。

第 3 参数：匹配类型，选择"0"精确匹配。

所以这一部分完整的公式是：MATCH(E2,B:B,0)。

将 INDEX 和 MATCH 函数组合使用就可以从右往左查找数据。这个组合的使用范围非常
广，也可以从左往右、从上往下、从下往上。

如果是 Office 365，还可以使用 XLOOKUP 函数，公式这样写：=XLOOKUP(E2,B:B,A:A)。

NO.239

划分区间自动评级

扫码看视频 >

成绩优良中差怎么评？当然是划分区间，一个一个评啦！

错！划分好区间，可以自动评级！

要求：按照成绩评定等级，划分为优、良、中、及格、不及格五个等级。

❶ 划分区间，列等级参数表，应注意：

- "区间下限"为每段区间的最小值

- 区间应从小到大升序排列

区间下限	等级
0	不及格
60	及格
70	中
80	良
90	优

❷ 在 C2 单元格输入公式：

=VLOOKUP(B2,$F$2:$G$6,2,TRUE)；

公式解释如下。

| C2 | ▾ | : | × | ✓ | *fx* | =VLOOKUP(B2,$F$2:$G$6,2,TRUE) |

	A	B	C	D	E	F	G
1	姓名	成绩	等级			区间下限	等级
2	秋叶	93	优			0	不及格
3	老秦	79	中			60	及格
4	三水	82	良			70	中
5	小敏	87	良			80	良
6	晓阳	68	及格			90	优
7	伟崇	59	不及格				
8	Dony	69	及格				
9	King	56	不及格				
10	大宝	100	优				

参数 1：查找值 B2。

参数 2：查找区域 $F$2:$G$6，需要完全锁定。

参数 3："等级"在查找区域中是第"2"列。

参数 4：模糊匹配，选择"TRUE"。

使用 VLOOKUP 函数的模糊查找功能，可以实现数据的自动评定等级。除此之外还有其他的函数可以实现该效果。

IF 函数：=IF(B2<60," 不及格 ",IF(B2<70," 及格 ",IF(B2<80," 中 ",IF(B2<90," 良 "," 优 "))))

IF 函数的语法非常简单，但是当区间比较多时，用 IF 函数不是很方便。

LOOKUP 函数：=LOOKUP(B2,F:F,G:G)

LOOKUP 函数的这个用法和 VLOOKUP 函数的模糊匹配相似，语法更简单一些。

```
LOOKUP(lookup_value, lookup_vector, [result_vector])
LOOKUP(lookup_value, array)
```

要求：根据 F2 的"姓名"和 G2 的"月份"查找"销量"。

公式 1：=INDEX(A1:D10,MATCH(F2,A1:A10,0),MATCH(G2,A1:D1,0))

用 MATCH 函数分别查找姓名（F2）所在的行数和月份（G2）所在的列数，再使用 INDEX 函数，在整个数据区域（A1:D10）中按照 MATCH 函数获取的行列值来索引值。

INDEX+MATCH 组合函数使用说明见 NO.075。

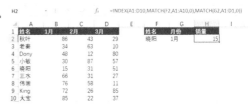

公式 2：=SUMPRODUCT((A2:A10=F2)*(B1:D1=G2)*B2:D10)

SUMPRODUCT 函数：返回对应的区域或数组的乘积之和。

语法：SUMPRODUCT(array1, [array2], [array3], ...)

SUMPRODUCT 函数参数比较单一，都是数组。而本案例不需要做乘积之和，只不过是利用了 SUMPRODUCT 可以对数组进行计算的特性。

用"="对比运算，符合条件的运算结果为"*TRUE*"，不符合条件为"*FALSE*"；再用（*行数据*）*（*列数据*）（即 *((A2:A10=F2)*(B1:D1=G2)*)* 转换成与 *(B2:D10)* 相同大小的数组，同时还把符合条件的变成"*1*"，不符合条件的变成"*0*"；最后再利用（* *(B2:D10)*）把符合条件的"*1*"转成具体的数值。

公式 3：=SUM((A2:A10=F2)*(B1:D1=G2)*B2:D10)

这个公式写法和公式 2 相似，只不过换成了 SUM 函数，但在完成输入公式后需要按快捷键【Ctrl+Shift+Enter】进行数组公式计算。

NO.241

根据简称找全称

扫码看视频 >

平时工作中记录数据时为了方便，写名称都是写的简称，可能还会出现N种简写，这样在后期统计时由于名称对不上造成很多麻烦。那如何根据简称查找全称？

❶ 准备好"全称"对照表；

❷ 结合 VLOOKUP 函数和通配符写查找公式：

=VLOOKUP("*"&A2&"*",D:D,1,FALSE)。

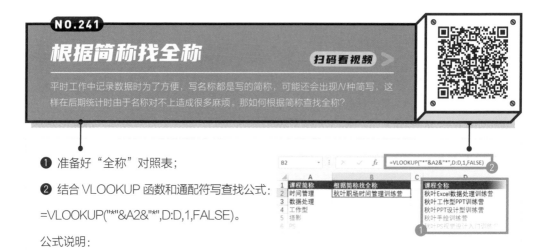

公式说明：

使用文本连接符"&"将简称前后分别连接一个通配符"*"，表示查找值是包含简称的任意数据；在课程全称列表（D列）中查找；返回第 1 列的值；匹配方式为"精确匹配（FALSE）"。

NO.242

根据全称找简称

扫码看视频 >

有时记录数据虽然录入的都是全称，但全称也是乱七八糟，多一个字少一个字很常见。如果能根据长的名称先把对应的简称一一对应上，想要统一一名称就很方便了。

❶ 准备好"简称"对照表（D2:D11）；

❷ 用 LOOKUP+FIND 写查找公式：

=LOOKUP(1,0/FIND($D$2:$D$11,A2),$D$2:$D$11)。

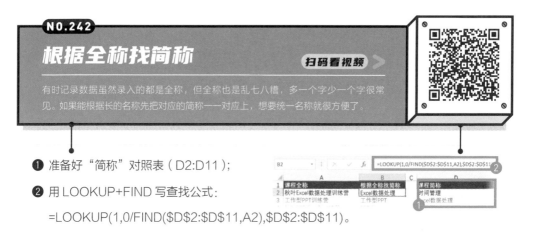

公式说明：

FIND 函数是确定查找值 A2 中是否包含简称列表中的简称。假如包含简称 A，则返回简称在查找值中的字符位置，否则返回"#VALUE"；再用"0"除，简称 A 对应结果会变成"0"，而其他仍是错误值"#VALUE"，这样就会生成一个数组。最后通过 LOOKUP 函数进行查找，返回结果"0"对应的"返回区域"中的值。（LOOKUP(1,0/(条件),返回区域) 是一个常见公式）

注意：此公式中的区域尽量不选整列，因为数组中的数据是要一个个计算过去的，计算量会很大。

NO.243

组内添加相同编号

扫码看视频 〉

数据分组的情况很常见，那如何给不同类别的数据自动添加分组的序号呢？（同一个组内编号相同）

C2 单元格公式：=COUNTA($A$2:A2)

公式说明：COUNTA 函数是计算区域中的非空单元格数。

计数区域使用拉灯模式（$A$2:A2），锁住区域的第 1 个单元格，让计数区域始终从第 1 个单元格开始。

用这个函数是利用了合并单元格的特性：只有第一个单元格有值，其他均为空单元格。

所以对拉灯模式的区域做计数时，只有当切换分组时，序号才会增加 1。

NO.244

组内添加连续编号

扫码看视频 〉

报表中将数据按照某个字段进行分组，分组后需要对每个组组内设置序号，如何能自动生成组内的连续编号？

C2 单元格公式：=IF(A2="",C1+1,1)

公式说明：IF 函数用来做条件判断。

合并单元格中只有第一个单元格不为"空"，依据这个特性，做了一个条件判断：

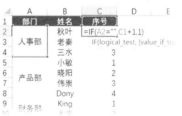

当 A2 单元格为空时，也就是说它不是组内的第一个单元格，那么它对应的序号应该是它上一个序号"+1"；

当 A2 单元格为空不成立，也就是说它是组内第一个单元格，所以序号为"1"。

NO.245

快速创建分类统计表

扫码看视频 >

做各种报告前都需要做数据的分类统计，你是不是还在反复地筛选求和？是不是在写复杂的公式计算？其实，几步就能快速搞定！

这个方法就是使用"数据透视表"功能。

❶ 准备数据源，数据源要符合规范表格的要求：

- 标题只有一行，且字段标题不能有重复

- 数据中不要有空行、合并单元格、小计行等

- 数据应符合统计要求，数据主要分三类（数值、日期、文本）

❶ 日期	产品	单价	数量	金额
2019/1/1	金花茶	999	6	5994
2019/1/1	蛋黄酥	39	2	78
2019/1/1	海鸭蛋	28	1	28
2019/1/1	海鸭蛋	28	1	28
2019/1/1	金花茶	999	6	5994
2019/1/2	鼠标垫	19	5	95
2019/1/2	蛋黄酥	39	2	78

❷ 选择数据源，在"插入"中选择"数据透视表"，弹出"创建数据透视表"对话框。

❸ 确定要分析的数据区域，以及放置透视表的位置，这里选择"新工作表"（把数据源与统计结果分功能放置在不同的工作表中）。

创建完成会出现一个新的工作表，工作表左侧有一个数据透视表区域，右侧有一个"数据透视表字段"面板。

字段面板主要分两部分。

字段列表：列表中是数据源的字段，即数据源中的列标题名称。

字段区域：分别为筛选、行、列和值区域，其中筛选、行、列均为分类区域，值为统计区域。

做分类统计，要分清楚按照什么字段进行分类，即分类字段是什么，以及统计什么数据，即统计字段是什么，再将字段拖入各自区域中。

以汇总统计每种产品销售额为例，先列统计需求。

分类：*产品*

统计：*金额*

❹ 将"产品"字段拖入"行"区域，"金额"字段拖入"值"区域，对应左边数据透视表区域中即出现分类统计表。

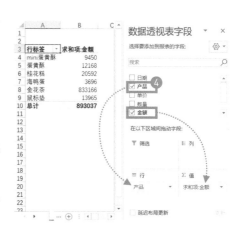

说明：将分类字段拖入"列""筛选"区域也可以，只是因为纵向滚动的阅读习惯，在只有一个分类字段的情况下，我们习惯于把分类字段放在"行"区域，当分类字段有多个时，可以考虑放在其他区域。

NO.246

刷新数据结果

扫码看视频 ＞

如果数据源发生数据的增删或是修改，分类统计表需要重新开始再做一次透视表的统计吗？

数据源发生改动或删除，只需单击"数据透视表分析"中的"刷新"，或"数据"中的"刷新"即可刷新数据结果。

但当增加数据时，直接"刷新"可能行不通，这时就要注意透视表的数据源区域是不是需要拓展。在"数据透视表分析"中单击"更改数据源"进行数据源的调整。

所以为了能够更快速地实现数据自动更新，建议在创建数据透视表前，将数据源区域转换为智能表格，智能表格有自动拓展的属性。

创建智能表格：选择数据区域，在"插入"选项卡中选择"表格"（快捷组合键【Ctrl+T】），进入"创建表"对话框中做相关设置即可。

NO.247

分类名称按指定顺序排

扫码看视频 >

用透视表做好数据的分类统计后发现，分类名称是按照拼音字符排的序，没有按照公司要求的顺序排。如何才能将分类名称按照指定顺序排？

方法一：手动排序

❶ 选择需调整顺序的标签单元格；

❷ 移动鼠标选中标签边框，鼠标变成十字箭头时，就可以拖动标签调整标签顺序。

3	行标签	▾	求和项:金额
4	mini蛋黄酥		9450
5	蛋黄酥		12168
6	桂花糕		20592
7	海鸭蛋		3696
8	金花茶		833166
9	鼠标垫		13965
10	总计		893037

方法二：自定义排序

❶ 在"自定义列表"中设置一个分类名称顺序。

具体方法详见技巧 NO.170。

❷ 单击"行标签"旁的筛选器，选择"其他排序选项"。

❸ 在"排序（产品）"对话框中，选择"升序排序"，确认字段是"产品"。

❹ 单击"其他选项"进入"其他排序选项（产品）"对话框。

❺ 取消勾选"每次更新报表时自动排序"。

❻ 在"主关键字排序顺序"中选择自定义好的序列，"确定"即可。

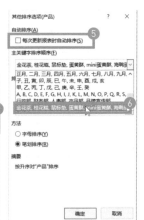

NO.248

统计结果为0或不完整

扫码看视频 >

有时数据源中明明某个分类是有值的，可是统计结果却是0，或者其他错误的结果，为什么会这样呢？

这时就要检查一下数据源中的数据是否符合统计要求了，数据可以分三类。

数值：规范的数值型数字才可以做求和统计，如有不规范的文本型数字，参考技巧 NO.220 将不规范的数字变规范。

日期：规范的日期才能做日期的分类统计，如有不规范的日期，可参考技巧 NO.219 进行日期的统一。

文本：文本只能计数，不能做其他汇总统计。

日期	产品	单价	数量	金额
2019/1/1	金花茶	999	6	5994
2019/1/1	蛋黄酥	39	2	78
2019/1/1	海鸭蛋	28	1	28
2019/1/1	海鸭蛋	28	1	28
2019/1/1	金花茶	999	6	5994
2019/1/2	鼠标垫	19	5	95

行标签	求和项:金额
金花茶	0
桂花糕	0
鼠标垫	0
蛋黄酥	0
mini蛋黄酥	0
海鸭蛋	0
总计	**0**

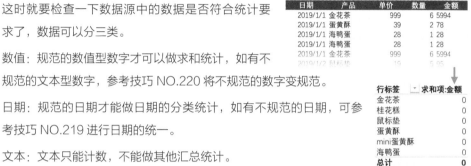

NO.249

刷新数据保持列宽不变

扫码看视频 >

每次刷新表格，透视表的列宽都会发生变动，导致一些设计好的表格结构发生变化影响观感。如何才能刷新数据保持列宽不变呢？

❶ 在"数据透视表分析"选项卡中单击"选项"，或者在透视表中，单击鼠标右键，找到"数据透视表选项"；

❷ 在"数据透视表选项"对话框中单击"布局和格式"，取消勾选"更新时自动调整列宽"。

设置完成之后，将透视表的列宽调整到合适，接下来再刷新数据，透视表的列宽保持不变。

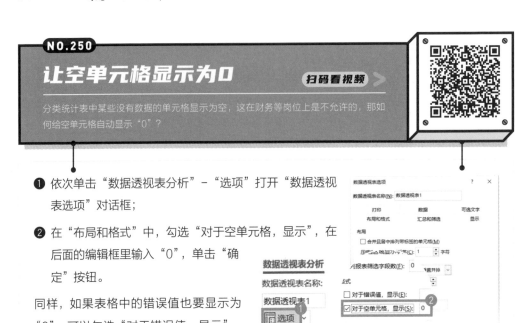

NO.250
让空单元格显示为0

扫码看视频 >

分类统计表中某些没有数据的单元格显示为空，这在财务等岗位上是不允许的，那如何给空单元格自动显示"0"？

❶ 依次单击"数据透视表分析"-"选项"打开"数据透视表选项"对话框；

❷ 在"布局和格式"中，勾选"对于空单元格，显示"，在后面的编辑框里输入"0"，单击"确定"按钮。

同样，如果表格中的错误值也要显示为"0"，可以勾选"对于错误值，显示"，在后面编辑框输入"0"。

NO.251
同类名称合并居中显示

扫码看视频 >

在"以表格形式显示"的报表布局下，为了方便看分类汇总表，有时需要将同类名称合并单元格，如何快速合并同类名称单元格？

❶ 依次单击"数据透视表分析"-"选项"打开"数据透视表选项"对话框；

❷ 在"布局和格式"中勾选"合并且居中排列带标签的单元格"就可以快速把所有同类标签合并。

利用透视表的这个功能，我们还可以在不使用外部插件的情况下，帮助批量实现同类单元格的合并。

NO.252

显示字段面板

扫码看视频 >

有时做数据透视做到一半发现，右侧的字段面板怎么不见了！如何显示字段面板？

字段面板不见的两个原因：

1. 没有选中透视表区域中的单元格；

2. 字段面板被隐藏了。

第 2 个原因的解决方法：

在"数据透视表分析"选项卡中单击"字段列表"即可显示字段面板，再单击又可隐藏。

补充知识点：字段列表旁的"+/− 按钮"是标签折叠按钮，可以隐藏，想要实现折叠 / 展开标签的效果可以直接双击标签单元格。

NO.253

按固定天数分组统计

扫码看视频 >

在透视表中，当日期为规范日期时，透视表是会自动将日期按照"年/季度/月"分组的，除了按"年/季度/月"，其实也可以自定义固定天数进行分组。

❶ 选择"日期"字段中任一标签，在"数据透视表分析"选项卡中单击"分组选择"。

如"分组选择"按钮是灰色，检查日期中是否有不规范日期。

在弹出的"组合"对话框中，"起始"和"终止"日期为自动识别，在下方的"步长"列表中，有多种步长单位可以选择，包括"年 / 季度 / 月"。如因版本低导致 Excel 不能自动日期分组，也可以手动选择步长进行分组。单击步长单位即可选择或取消选择。

❷ 在"步长"列表中只选择"日"，然后在右下角输入"天数"。

NO.254

求最值和平均值

扫码看视频 >

做数据报表经常会需要统计各个分类的最大值、最小值或平均值，在透视表中想要做这些统计都非常简单！

以统计每种消费类型的最高消费、最低消费和平均消费为例，先列出统计需求。

分类：消费类型

统计：金额（最高、最低、平均消费的统计字段均是金额）

❶ 插入数据透视表做数据分类统计，将"消费类型"字段拖入"行"区域，将"金额"字段拖入"值"区域3次。

说明：同一个字段是可以多次拖入"值"区域的。

❷ 双击值字段标题，进入"值字段设置"对话框。

行标签	求和项:金额	求和项:金额2	求和项:金额3
餐饮	5016.73	5016.73	5016.73
服饰美容	7066.15	7066.15	7066.15
交通	4796.54	4796.54	4796.54
日常缴费	4886.1	4886.1	4886.1
生活日用	6211.11	6211.11	6211.11
休闲娱乐	4829.3	4829.3	4829.3
总计	32805.93	32805.93	32805.93

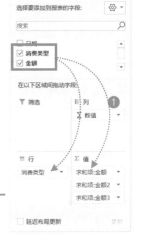

❸ 在"值汇总方式"中"计算类型"选择"最大值"。

同理，另外两个值字段分别设置为"最小值"和"平均值"。

行标签	最大值项:金额	最小值项:金额2	平均值项:金额3
餐饮	297.39	35.11	167.2243333
服饰美容	289.98	11.67	172.345122
交通	300.05	10.9	165.397931
日常缴费	297.76	22.02	162.87
生活日用	299.59	13.05	159.2592308
休闲娱乐	300.05	11.59	137.98
总计	300.05	10.9	160.8133824

说明：也可以单击值字段列的任一单元格，单击鼠标右键，在"值汇总依据"中修改汇总方式。

NO.255
统计不重复的个数

扫码看视频 >

实际工作中经常需要提取出不重复的项目，并且统计每个项目出现的次数，如何用透视表实现这样的统计结果呢？

以统计每种消费类型出现的次数为例，先列统计需求。

分类：消费类型

统计：消费类型出现的次数

插入数据透视表，将"消费类型"字段拖入"行"区域；再将"消费类型"字段拖入"值"区域。

说明两点：

① 不重复的项目实际上就是分类项目，有几个标签就有几个分类；

② 值区域会自动根据拖入字段的数据类型选择汇总方式，所以会对"消费类型"这个文本字段做计数统计。

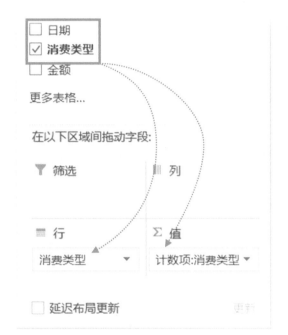

NO.256

统计排名

扫码看视频 >

做报表时经常需要对分类统计的数据做排名，当我们在数据透视表中做好分类统计后，又该怎么统计排名？

以统计每种消费类型消费总额排名（消费总额从高到低）为例。

分类：消费类型

统计：金额

❶ 插入数据透视表，根据"消费类型"汇总"金额"；

❷ 选择"求和项：金额"值字段任一单元格，单击鼠标右键；

❸ 在"值显示方式"中选择"降序排列"；

❹ 在弹出的对话框中，"基本字段"选择"消费类型"；

❺ 单击"确定"按钮。

行标签	求和项:金额
餐饮	5016.73
服饰美容	7066
交通	4796
日常缴费	4886.1
生活日用	6211.11
休闲娱乐	4829.3
总计	32805.93

行标签	排名
餐饮	3
服饰美容	1
交通	6
日常缴费	4
生活日用	2
休闲娱乐	5
总计	

值显示方式 (求和项:金额)　?　×

计算：降序排列

基本字段(F)：消费类型

确定　取消

NO.257

统计累计总和

扫码看视频 >

做报表时，经常需要将数据按照时间进行累加，如何用数据透视表快速完成累计总和的统计？

以统计逐月累计的消费金额为例，先列统计需求。

分类：月份

统计：金额

❶ 插入数据透视表，将"月"字段拖入"行"区域，"金额"拖入"值"区域；

❷ 选择值字段列任一单元格，单击鼠标右键，选择"值显示方式"–"按某一字段汇总"；

❸ 在"值显示方式（求和项：金额）"中，"基本字段"选择"月"。

要按哪一字段汇总，"基本字段"就选哪个字段。

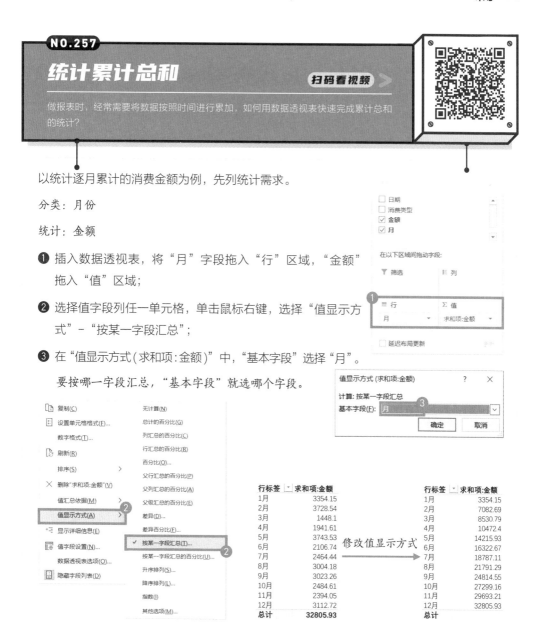

反之，如果已知每月累计的数据，要求每月增量。与上述操作类似，只不过要在"值显示方式"中选择"差异"，选择基本字段及基本项（选"上一个"）即可求得。

NO.258

设置透视表为经典布局

扫码看视频 >

为什么有时用数据透视表，里面的字段是可以直接拖曳移动的，有的透视表又不行呢？一拖就提醒影响透视表结构，怎么办？

能拖动字段的是数据透视表经典布局，设置为经典布局操作如下：

❶ 在"数据透视表分析"中单击"选项"；

❷ 在"数据透视表选项"对话框中单击"显示"选项卡；

❸ 勾选"经典数据透视表布局（启用网格中的字段拖放）"。

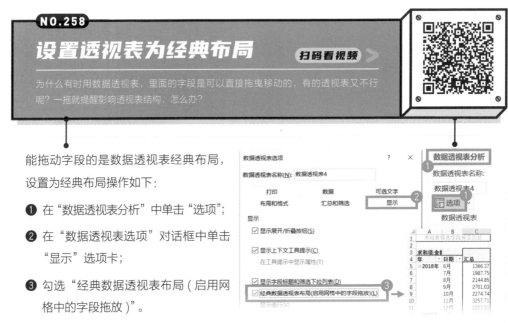

NO.259

计算占总计的百分比

扫码看视频 >

求数据占比也是经常会遇到的报表使用场景，如何快速计算每一个分类数据占总计的百分比？

以统计每种消费类型在消费总金额中的占比为例，统计需求如下。

分类：消费类型

统计：金额

❶ 插入透视表，按需求做好统计；

❷ 双击值字段标题（求和项：金额），进入"值字段设置"对话框，将"值显示方式"设置为"总计的百分比"。

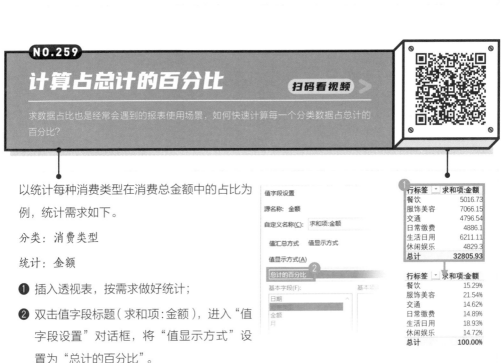

NO.260
计算环比增长

扫码看视频 ＞

报表分析中经常会听到"环比增长"，什么是"环比"？就是把当月数据同上一个月比较，环比增长=(当月-上月)/上月，那用Excel如何快速实现环比计算？

以计算 2019 年消费金额的环比为例，先分析统计需求。

分类：月（计算环比要以"月"分类）

统计：金额

❶ 插入透视表，将"月"拖入"行"区域，"金额"拖入"值"区域，得到分类汇总表。

以 3 月消费金额为例，其环比增长率计算公式：(1448.1–3728.54)/3728.54 ≈ –0.6116。

❷ 双击值字段标题，即"求和项：金额"字段标题，进入"值字段设置"。

❸ 在"值显示方式"中选择"差异百分比"。

❹ "基本字段"选择"月"。

❺ "基本项"选择"(上一个)"，单击"确定"按钮。

基本字段和基本项的含义是，按"月"作为基本字段进行分类，然后计算当前项数据与"上一个""月"数据的差异百分比。

1月消费金额的差异百分比为空，是因为1月的上一个月数据不存在，无法计算，所以留空。

行标签	求和项:金额
1月	3354.15
2月	3728.54
3月	1448.1
4月	1941.61
5月	3743.53
6月	2106.74
7月	2464.44
8月	3004.18
9月	3023.26
10月	2484.61
11月	2394.05
12月	3112.72
总计	32805.93

修改
值显示方式

行标签	求和项:金额
1月	
2月	11.16%
3月	-61.16%
4月	34.08%
5月	92.81%
6月	-43.72%
7月	16.98%
8月	21.90%
9月	0.64%
10月	-17.82%
11月	-3.64%
12月	30.02%
总计	

NO.261
计算同比增长

扫码看视频 >

什么是"同比"？就是当期数据同上一年同期比较，同比增长=(今年－去年)/去年，那用Excel如何快速实现同比计算？

计算同比与计算环比类似（计算环比参见技巧 NO.260），只需将基本字段由"月"换成"年"。以 2018-2019 年消费清单为数据源，计算 2019 年消费金额的同比。

❶ 插入透视表，按照"日期"分类统计"金额"，"日期"按照"年""月"进行分组；

❷ 双击值字段标题进入"值字段设置"；

❸ "值显示方式"选择"差异百分比"；

❹ "基本字段"选择"年"；

❺ "基本项"选择"（上一个）"，单击"确定"按钮。

行标签	求和项:金额		行标签	求和项:金额
−2018年			−2018年	
6月	1366.37		6月	
7月	1987.75		7月	
8月	2144.85		8月	
9月	2701.03		9月	
10月	2274.74		10月	
11月	3257.71		11月	
12月	2223.31		12月	
−2019年			−2019年	
1月	3354.15		1月	
2月	3728.54		2月	
3月	1448.1		3月	
4月	1941.61		4月	
5月	3743.53		5月	
6月	2106.74		6月	54.19%
7月	2464.44		7月	23.98%
8月	3004.18		8月	40.06%
9月	3023.26		9月	11.93%
10月	2484.61		10月	9.23%
11月	2394.05		11月	-26.51%
12月	3112.72		12月	40.00%
总计	48761.69		总计	

同比就计算完成了，可以验算一下统计结果是否正确，以 *2019 年 9 月数据为例：(3023.26−2701.03)/2701.03 ≈ 0.1193。*

统计表中部分单元格为空，是因为这些单元格没有上一年的同期数据比较，不能计算，所以为空。

NO.262

快速补全函数名称

扫码看视频 ▶

函数那么多，还都是英文，英文很差完全记不住怎么办？短的函数名称不用记，长的函数名称也不用记！

在公式中输入函数名称时，输入函数名称开头字母，Excel 会自动匹配函数列表，输入字母越多，匹配的函数列表越精确。

所以，忘记函数名称也没关系，只要记得前几个字母，就可以在函数列表中按键盘上的上、下键进行选择，然后按【Tab】键，即可快速补全函数名称及后面的左括号。

或者在列表中双击选中函数名称也可快速补全。

NO.263

公式中快速添加$

扫码看视频 ▶

函数公式中引用单元格或区域时，有时需要切换单元格的引用方式，也就是常见的单元格名称中有"$"，这样的"$"如何快速添加？

首先需要区分单元格的引用方式。

相对引用：引用单元格与公式所在单元格相对位置不变，公式位置变，引用单元格也变，如 A1。

绝对引用：引用单元格绝对不变，如 $A$1。

混合引用：引用单元格行绝对不变(如 A$1)或列绝对不变(如 $A1)。

在公式中切换单元格引用方式，除了可以手动添加、删除"$"，也可以直接按快捷键【F4】切换。

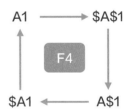

更快的方法当然是使用 SUM 函数求和了。一般我们会手动输入 SUM 函数，选择求和区域完成求和公式。其实直接按快捷键就能快速插入求和公式。

选择要插入公式的单元格，按快捷键【Alt+=】即可快速插入 SUM 函数公式，并且能从行 / 列上自动识别求和区域，确认区域无误后按【Enter】键，即可完成求和计算。

当需插入公式区域分多行或多列时，还可以结合"定位"功能，批量定位空单元格，然后再按快捷键【Alt+=】快速插入所有求和公式。

要求：计算逐月累计销售额

1 月累计销售额为 SUM(B2)；2 月累计销售额为 SUM(B2:B3)；3 月累计销售额为 SUM(B2:B4)，以此类推。

累计销售额始终是从第一个数据单元格（B2）开始到当前行数据单元格的总和，所以可以将求和区域的开始单元格切换引用方式（按快捷键【F4】）锁定不动。

在 C2 单元格输入公式：=SUM($B$2:B2)；双击填充柄，向下填充公式，求和区域开始单元格始终不变。

NO.266 忽略隐藏的行求和

扫码看视频

在进行求和时，有时不希望把筛选或隐藏了的数据也计入求和范围，但这种要求SUM
函数并满足不了，那该怎么办？

使用 SUBTOTAL 函数可以。SUBTOTAL 函数是返回列表或数据库
中的分类汇总，其语法为：SUBTOTAL(function_num,ref1,[ref2],...)。

函数第 1 个参数可以是数字 1~11 或 101~111，用于指定要为
分类汇总使用的函数。如果使用 1~11，将包括手动隐藏的行；
如果使用 101~111，则排除手动隐藏的行，而始终排除已筛选
掉的单元格。所以想要忽略隐藏的行求和，可以用 109 函数进行
求和；如果只是要忽略筛选掉的数据，用9 或 109 求和均可。

第2个参数为统计区域。公式写法示例：=SUBTOTAL(109,B2:B13)。

NO.267 四舍五入保留两位小数

扫码看视频

统计结果小数点后好多位，数据看起来非常乱，所以我们一般会统一只保留两位小
数。如何将数据四舍五入保留两位小数？

ROUND 函数可以将数字四舍五入到指定的位数。语法为：

ROUND(number, num_digits)

第 1 参数：需四舍五入的数字。

第 2 参数：需保留的小数位数。

=ROUND(B2,2)

原数据	四舍五入	向上舍入	向下舍入
4.221	4.22	4.23	4.22
4.1393	4.14	4.14	4.13
9.22	9.22	9.22	9.22

补充知识点：如果不是四舍五入，而是要全部向上舍入或向下舍入，可以用另外两个函数：
ROUNDUP（向上舍入数字）、*ROUNDDOWN*（向下舍入数字）。这两个函数的参数与
ROUND 函数完全一样。*ROUNDUP* 函数是不论后面多余的小数多大，都会向上入"1"（没有
多余小数则不入）；而 *ROUNDDOWN* 函数是将多余位数直接舍去。

COUNTA 函数可以统计非空单元格个数，计算包含任何类型的信息，包括错误值和空文本。其语法为：*COUNTA(value1, [value2], ...)*。

COUNT 函数可以计算区域中包含数字的单元格个数，语法为：*COUNT(value1, [value2], ...)*。

例如，用 *COUNTA* 函数可以求得 *A2:A7* 区域范围内的非空单元格个数为 5，而用 *COUNT* 函数计算 *A2:A7* 区域的数字单元格数为 3。

如果想要忽略隐藏单元格统计非空单元格个数，可以参照技巧 NO.266 使用 SUBTOTAL 函数。

计算个数	公式	计算结果
非空单元格	=COUNTA(A2:A7)	5
数字单元格	=COUNT(A2:A7)	3

数据
1
无
#N/A
2
2

LEN 函数可以计算文本字符串中的字符个数，语法为：LEN(text)。

LENB 函数可以计算文本字符串中用于代表字符的字节数，语法为：LENB(text)。

两者的区别在于，LEN 是计算字符数，LENB 是计算字节数。

例如，同样是统计"秋叶 Excel"，LEN 函数的统计结果是 7，而 LENB 函数是 9，这是因为一个中文字符占两字节。

	A	B	C	D	E
1	数据		计算	公式	计算结果
2	秋叶Excel		字符数	=LEN(A2)	7
3			字节数	=LENB(A2)	9

NO.270

条件判断成绩是否合格

扫码看视频 >

判断学员学习情况是否合格的情况比较复杂，可能满足一个条件就可以，可能要满足多个条件，每种情况都该如何自动判断学员学习成绩是否合格？

使用 IF 函数做条件判断，IF 函数语法：*IF(logical_test,[value_if_true],[value_if_false])*。

第 *1* 参数：逻辑判断条件，该参数的计算结果一定是逻辑值 *TRUE* 或 *FALSE*。

第 *2* 参数：当第 *1* 参数计算结果为 *TRUE* 时返回的结果。

第 *3* 参数：当第 *1* 参数计算结果为 *FALSE* 时返回的结果。

【情况一】成绩 >=60，即为"合格"。

条件：成绩 >=60

如果条件成立：合格

如果条件不成立：不合格

	A	B	C	D	E	F
1	姓名	成绩	出勤率	是否合格		
2	秋叶	71	97%	=IF(B2>=60,"合格","不合格")		
3	老秦	57	74%	不合格		
4	三水	98	70%	合格		
5	小敏	79	92%	合格		
6	晓阳	53	98%	不合格		
7	伟崇	72	98%	合格		

D2 单元格公式：=IF(B2>=60," 合格 "," 不合格 ")。

如果 B2 的值大于等于 60，那么返回"合格"，否则返回"不合格"。

【情况二】成绩 >=60，且出勤率 >90%，即为"合格"。

条件1：成绩 >=60 且 条件 2：出勤率 >90%

如果条件成立：合格

如果条件不成立：不合格

	A	B	C	D	E	F	G
1	姓名	成绩	出勤率	是否合格			
2	秋叶	71	97%	=IF(AND(B2>=60,C2>90%),"合格","不合格")			
3	老秦	57	74%	不合格			
4	三水	98	70%	不合格			
5	小敏	79	92%	合格			
6	晓阳	53	98%	不合格			
7	伟崇	72	98%	合格			

两个条件必须同时满足可以用 AND 函数来做逻辑连接，所以条件可以写成：AND(条件 1，条件 2)。

D2 单元格公式：=IF(AND(B2>=60,C2>90%)," 合格 "," 不合格 ")。

如果 B2 的值大于等于 60，且 C2 大于 90%，那么返回"合格"，否则返回"不合格"。

【情况三】成绩 >=60，或出勤率 >90%，即为"合格"。

条件1：成绩 >=60 或 条件2：出勤率 >90%

如果条件成立：合格

如果条件不成立：不合格

	A	B	C	D	E	F	G
1	姓名	成绩	出勤率	是否合格			
2	秋叶	71	97%	=IF(OR(B2>=60,C2>90%),"合格","不合格")			
3	老秦	57	74%	不合格			
4	三水	98	70%	合格			
5	小敏	79	92%	合格			
6	晓阳	53	98%	合格			
7	伟崇	72	98%	合格			

两个条件只需一个满足可以用 OR 函数来做逻辑连接，所以条件可以写成：OR(条件 1，条件 2)。

D2 单元格公式：=IF(AND(B2>=60,C2>90%)," 合格 "," 不合格 ")。

如果 B2 的值大于等于 60，且 C2 大于 90%，那么返回"合格"，否则返回"不合格"。

情况二、三中的公式是 IF 函数中嵌入了 AND 函数或 OR 函数，这两个函数都是逻辑判断函数，返回的结果为 TRUE 或 FALSE，所以能跟 IF 函数嵌套。当 IF 条件更加复杂时，只需先将条件关系梳理清楚，然后用其他函数辅助嵌套生成 IF 函数的条件即可。

NO.271

出现错误值自动显示0

扫码看视频 >

报表中有些公式结果经常会出现一些错误值，在保证公式正确的情况下，一些错误值出现是正常的，所以一般会把错误值显示为"0"或"－"。

IFERROR 函数可以捕获和处理公式中的错误，将错误值显示为其他数据。

IFERROR 函数语法：IFERROR(value, value_if_error)

第 1 参数：检查是否存在错误的值。

数据	公式	计算结果
#N/A	=IFERROR(A2,0)	0
#N/A	=IFERROR(A2,"-")	-

第 2 参数：参数 1 如果为错误值时返回的值，错误值包括 #N/A、#VALUE!、#REF!、#DIV/0!、#NUM!、#NAME? 或 #NULL!。

自动显示"0"：=IFERROR(A2,0)。

自动显示"－"：=IFERROR(A2,"－")，如果参数 2 是文本字符串，则需要用英文引号括起来。

除了 IFERROR 函数，IFNA 也可以用来屏蔽错误值 #N/A，用法与 IFERROR 相似。

NO.272

单条件求和、求平均值

扫码看视频 >

职场办公中，汇总统计数据是必不可少的部分，但如何高效、正确附带条件地汇总数据就有点犯难了。下面来看看单条件的求和、求平均值怎么做。

要求：统计"Excel数据处理"训练营学员的总人数。

条件型统计函数SUMIF可以实现按照指定条件计算总和，语法：*SUMIF(range, criteria, [sum_range])*。

第1参数：要按条件计算的单元格区域。

第2参数：逻辑条件。

第3参数：求和区域。

F2单元格公式：=SUMIF(A:A,E2,C:C)。

含义为，在A列中找出值与E2单元格值相等的训练营，然后把这些训练营对应的C列中的值求和。

在使用SUMIF函数时，应该注意：

● 第1参数与第3参数的区域要一样大

● 当第3参数求和区域与第1参数需匹配条件区域相同时，第3参数可以省略

● 第2参数逻辑条件的写法要注意准确性，写法参照下表

条件类型	含义
E2	等于E2单元格的值
"<>"&E2	不等于E2单元格的值
">=60"	大于等于60
"Excel数据处理"	值为"Excel数据处理"
"*Excel*"	包含"Excel"

按条件求平均值可以用函数AVERAGEIF，其语法及参数与SUMIF完全相同，只不过换了一个函数名称就可以求条件均值了。

SUMIF(**range**, criteria, [sum_range])
AVERAGEIF(**range**, criteria, [average_range])

要求：统计"Excel 数据处理"训练营"2月"学员的总人数。

多条件求和可以使用 SUMIFS 函数，是 SUMIF 函数的复数，两者语法相似，参数的位置有点差异。

语法：*SUMIFS(sum_range, criteria_range1, criteria1, [criteria_range2, criteria2], ...)*。

参数说明详见技巧 NO.272 的 SUMIF 函数的参数说明，将求和区域提至第 1 参数，以便后面的多个条件挨在一起。

F2 单元格公式：=SUMIFS(C:C,A:A,E2,B:B,"2月")。

含义为，在 A 列中找出值与 E2 单元格值相等，且 B 列中值为"2月"对应的 C 列中的值进行求和。

多条件汇总统计家族除了 SUMIFS，还有 AVERAGEIFS、COUNTIFS、MAXIFS、MINIFS，这些函数都是 IFS 加统计函数组成的多条件统计函数，语法参数都相似，这里不再赘述。

函数	说明	函数	说明
SUMIF	条件求和	SUMIFS	多条件求和
AVERAGEIF	条件求均值	AVERAGEIFS	多条件求均值
COUNTIF	条件计数	COUNTIFS	多条件计数
MAXIFS	多条件求最大值	MINIFS	多条件求最小值

倒计时天数实际上就是截止日期与当前日期的差。

今天的日期可以用快捷键【Ctrl+；】快速录入，但这样录入的日期是不会自动更新的，所以需要用 TODAY 函数来获取系统当前日期，从而保证每天打开文件都是最新的倒计时结果。

倒计时天数公式：

截止日期	倒计时公式	结果
2020/12/31	=A2-TODAY()	332

当天日期为2020/2/3

倒计时 = 截止日期 –TODAY()

TODAY 函数不需要参数，与它类似的还有 NOW、ROW、COLUMN、RAND 函数，分别可以获取当前时间、当前单元格行号、当前单元格列号、0～1 的随机小数。

如果需要单独获取日期中的年、月、日，可以分别用 YEAR、MONTH、DAY 函数，它们的语法和参数完全一样。

获取年份：YEAR(serial_number)。

获取月份：MONTH(serial_number)。

获取日：DAY(serial_number)。

	A
1	2020/2/14 21:28

公式	结果	公式	结果
=YEAR(A1)	2020	=HOUR(A1)	21
=MONTH(A1)	2	=MINUTE(A1)	28
=DAY(A1)	14	=SECOND(A1)	0

同样，如果想要获取时间中的时、分、秒，可以分别用 HOUR、MINUTE、SECOND 函数，语法和参数也一样。

首先需要理解 Excel 中日期和时间的本质是：数字。所以日期可以直接相减。

计算机的日期和时间是从"1900/1/1 00:00:00"开始计算的，起始点为数字 0，接下来每过一天，数字加 1。

1 天 =24 小时 =24*60 分钟 =24*60*60 秒。

日期差换算小时公式：（终止日期 – 起始日期）*24。

日期差换算分钟公式：（终止日期 – 起始日期）*24*60。

	A	B
1	起始日期	终止日期
2	2020/2/3 21:58	2020/2/5 0:00

名称	公式	结果
日差	=B2-A2	1.0842
小时差	=(B2-A2)*24	26.02
分钟差	=(B2-A2)*24*60	1561.2

同样，时间差本质也是以天为单位的数字，与日期差换算方式相同，以此可以计算工时。

使用隐藏函数 DATEDIF 可以计算月差、年差。DATEDIF 函数语法：DATEDIF(start_date,end_date,unit)。

第 1 参数：开始日期。

第 2 参数：结束日期。

第 3 参数：间隔类型。

日期1	日期2	公式	结果
2020/2/3	2020/3/5	=DATEDIF(A2,B2,"m")	1
2020/2/3	2020/3/2	=DATEDIF(A3,B3,"m")	0
2020/2/3	2021/2/2	=DATEDIF(A4,B4,"m")	11
2020/2/3	2021/2/2	=DATEDIF(A5,B5,"y")	0
2020/2/3	2021/2/3	=DATEDIF(A6,B6,"y")	1

常用间隔类型有"Y""M""D"，分别计算整年数、整月数和天数。该函数也可以用来计算周岁，公式为：DATEDIF(出生日期 ,TODAY(), "y")。出生日期的计算详见技巧 NO.280。

NO.278

计算工作日天数

扫码看视频 ›

制作考勤表时，需要计算每位员工的工作日天数，工作日是周一至周五，但中间可能
还有一些法定节假日，那怎么计算工作日？

用工作日函数 NETWORKDAYS.INTL 或 NETWORKDAYS 可以计算剔除节假日的工作
日天数。

两者差别是 NETWORKDAYS.INTL 可自定义周末，而 NETWORKDAYS 不能，所以习惯
用前者。

语法：*NETWORKDAYS.INTL(start_date, end_date, [weekend], [holidays])*。

第3参数：自定义周末，可以直接在列表中选。

第4参数：节假日单元格区域（需事先将节假日列在表中）。

| 1 - 星期六、星期日 |
| 2 - 星期日和星期一 |
| 3 - 星期一、星期二 |
| 4 - 星期二、星期三 |
| 5 - 星期三、星期四 |
| 6 - 星期四、星期五 |
| 7 - 星期五、星期六 |
| 11 - 仅星期日 |
| 12 - 仅星期一 |
| 13 - 仅星期二 |
| 14 - 仅星期三 |
| 15 - 仅星期四 |

开始日期	结束日期	工作日公式	结果
2020/2/3	2020/5/1	=NETWORKDAYS.INTL(A2,B2,1,G2:G23)	63

NO.279

返回当月最后一天

扫码看视频 ›

在计算合同到期时间等工作场景中，经常会需要计算某个月或当月的最后一天，如何
能快速计算出当月最后一天的日期？

EOMONTH 函数可以计算在特定月份中最后一天到期的到期日。

语法：*EOMONTH(start_date, months)*。

第1参数：开始日期。

第2参数：间隔的月数（如果为负数，则生成过去的
日期）。

	A	B	C
1	开始日期	最后一天计算公式	结果
2	2020/2/4	=EOMONTH(A2,0)	2020/2/29
3		=EOMONTH(A2,1)	2020/3/31
4		=EOMONTH(A2,-1)	2020/1/31

需要返回当月最后一天，第1参数开始日期也可以用 TODAY 函数获取当日日期，
第2参数间隔的月数选择"0"，就可以得到当月最后一天的日期。

213

NO.280
身份证号自动提取生日

扫码看视频 >

身份证提取出生日期在技巧NO.221用了分列功能来实现，但用分列提取出生日期是一次性的，如果数据源发生更改，还得重新分列，那如何能自动提取出生日期？

想自动，用函数。提取出生日期实际上就是提取文本字符串，用文本函数 MID 即可提取。

MID 函数语法：MID(text, start_num, num_chars)。

第1参数：包含要提取字符的文本字符串。

第2参数：文本中要提取的第1个字符的位置。

第3参数：从第1个字符开始提取的字符数。

身份证号中出生日期从第7位字符开始，一共8位字符，所以公式是：=MID(身份证号 ,7,8)。

身份证号	提取出生日期公式	结果
150525197511148621	=MID(A2,7,8)	19751114

但这样的提取结果只是8位字符串，还不是日期，需要用 TEXT 函数将字符串转为文本型日期。

TEXT 函数语法：TEXT(value, format_text)。

第1参数：要转换为文本的数值。

第2参数：定义要应用于参数1数值的文本格式。

日期格式可以是"0000-00-00"，公式这样写：=TEXT(C2,"0000-00-00")。

▲	A	B	C	D	E
1	身份证号	提取出生日期公式	结果	转换格式	
2	150525197511148621	=MID(A2,7,8)	19751114	=TEXT(C2,"0000-00-00")	

TEXT 函数的转换结果是文本，还是不规范日期，利用四则运算可以将文本日期转为规范日期。

最终将三步公式合并嵌套，生成最终公式：=--TEXT(MID(A2,7,8),"0000-00-00")。

身份证号	提取出生日期公式	结果
150525197511148621	=--TEXT(MID(A2,7,8),"0000-00-00")	1975/11/14

补充知识点：文本函数还有 *RIGHT、LEFT*，分别可以从右、左提取指定字符数。

NO.281

将小写金额转换成大写金额

扫码看视频

在财务报表中，有时需要将小写金额转换成大写金额，当数据比较多时，一个个手动修改太麻烦了，有没有更快速的办法呢?

使用一个隐藏函数 NUMBERSTRING 可以将数字转换为大写，但该函数只能转换整数，小数会被四舍五入成整数后转换。

NUMBERSTRING 函数语法：*NUMBERSTRING(value, type)*

第 *1* 参数：需转换的数值。

第 *2* 参数：转换的类型“*1～3*”。

转换的中文数字类型有 3 种，具体说明见右表。

type	类型说明
1	中文小写数字，如二十二
2	中文大写数字，如贰拾贰
3	中文读写数字，如二二

财务计算中数值金额一般最多取两位小数，我们可以将一个数值金额拆分成整数部分、第 1 位小数及第 2 位小数，给它们用 NUMBERSTRING 函数转换成中文大写后，分别加上“圆”“角”“分”单位，最后再合并到一起。

❶ 使用 INT、FIND、MID 函数分别将三部分数据提取出来，公式如下。

整数部分：*=INT(A2)*。

第 *1* 位小数：*=MID(A2,FIND(".",A2)+1,1)*。

第 *2* 位小数：*=MID(A2,FIND(".",A2)+2,1)*。

❷ 使用 NUMBERSTRING 函数把三部分分别转换成中文大写数字，以整数部分为例：

整数部分：*=NUMBERSTRING(INT(A2),2)*。

❸ 分别将三部分用“&”连接符带上“圆”“角”“分”单位，以整数部分为例：

整数部分：*=NUMBERSTRING(INT(A2),2)&"圆"*。

❹ 如果整数部分为“0”，转换结果“零圆”是不必要的，所以可以用 IF 做一个判断：

整数部分：*=IF(INT(A2)=0,"",NUMBERSTRING(INT(A2),2)&"圆")*。

（后续步骤见下页）

❺ 小数部分需要判断是否为"0",如果为"0",则显示为空,以第1位小数为例:

=IF(――MID(A2,FIND(".",A2)+1,1)=0,"",NUMBERSTRING(MID(A2,FIND(".",A2)+1,1),2)&"角")。

MID 函数前加"―(负负)"是为了将 MID 函数提取出的文本数字字符转换为可比较运算的数值。

❻ 小数部分公式中的 FIND 函数如果找不到值,会返回错误值导致整个结果出错,所以需要在 IF 函数外面再套一层 IFERROR 函数来屏蔽错误,第1、2位小数部分公式分别如下。

=IFERROR(IF(――MID(A2,FIND(".",A2)+1,1)=0,"",NUMBERSTRING(MID(A2,FIND(".",A2)+1,1),2)&"角"),"")。

=IFERROR(IF(――MID(A2,FIND(".",A2)+2,1)=0,"",NUMBERSTRING(MID(A2,FIND(".",A2)+2,1),2)&"分"),"")。

❼ 最后将三个部分(❹❻中的3个公式)用"&"连接起来,得到最终公式。

友情提示:公式书写过程比较复杂,能理解这里面单元格的引用关系,会套用此公式就可以了。

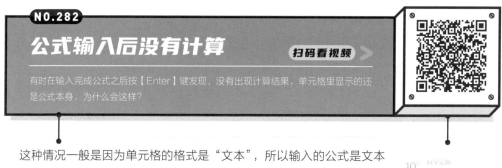

NO.282
公式输入后没有计算
扫码看视频 >

有时在输入完成公式之后按【Enter】键发现,没有出现计算结果,单元格里显示的还是公式本身,为什么会这样?

这种情况一般是因为单元格的格式是"文本",所以输入的公式是文本字符串,不会进行公式计算。想要让文本型公式变成正常计算的公式,必须先将单元格格式设置为"常规",然后再让单元格重新计算。

办法一:手动操作

在公式个数比较少的情况下,直接双击单元格进入编辑状态,然后按【Enter】键就可以重新计算。

办法二:批量操作

在"数据"中选择"分列",进入分列向导,直接单击"完成",就可以批量将整列重新计算。

NO.283

公式修改后结果无变化

扫码看视频 ＞

有时将一个公式向下填充，下面公式的参数明明已经变了，可是计算结果还和第一个公式一模一样，公式也没写错，为什么会这样？

这是因为公式的"计算选项"选择了"手动"，需要手动计算：

在"公式"选项卡中单击"开始计算"，或者按快捷键【F9】即可计算公式。

如果想让公式能自动计算，可以这样操作：

❶ 在"公式"选项卡中，单击"计算选项"；

❷ 将"手动"切换为"自动"。

这样就不用每次手动计算公式了。

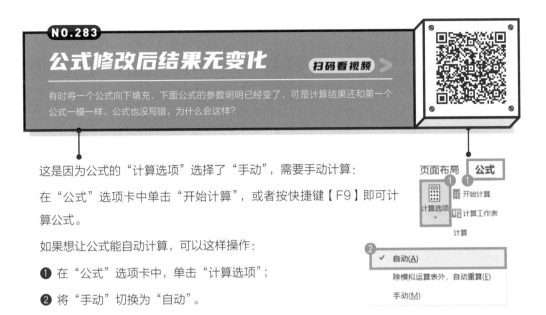

NO.284

分步查看公式计算结果

扫码看视频 ＞

写公式的过程中免不了会有公式出错的时候，但每次看到各种错误值时是不是手足无措，不知道问题出在哪了？

其实只要能分步查看公式计算结果，就能轻松发现公式到底是哪儿出错了。

❶ 在"公式"-"公式审核"中单击"公式求值"；

❷ 在"公式求值"对话框中单击"求值"，就能看到在求值窗口中公式会进行分步计算。

当前求值部分公式的下方会有下划线标记，能清晰看到公式的计算过程，由此可以判断出出错的公式是在哪一环节出错，这个功能用得好的话对于书写公式会有很大的帮助。

NO.285

找到函数的语法解释

扫码看视频 >>

函数那么多，参数那么复杂，经常会把参数搞混，把语法搞错，在哪里可以找到要使用函数详细的语法说明呢？

❶ 用技巧 NO.262 快速补全函数名称之后，单击编辑栏左侧的"插入函数 (fx)"选项。

在弹出的"函数参数"对话框中，上面部分是各个参数的编辑框，中间部分是有关函数及参数的说明。

❷ 单击任一个参数的编辑框，在下方会对应出现此参数的说明。

❸ 单击对话框左下角的"有关该函数的帮助"，会打开微软官方对于此函数的说明网页，里面有语法解释、参数说明、案例、常见问题等。

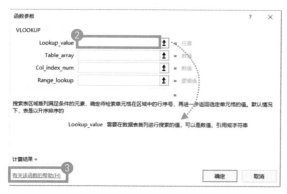

补充知识点：

1. 在完成公式输入时出现的语法提示悬浮窗中，单击函数名称，也可以进入官方说明网页中；

2. 当函数公式的参数比较复杂，想要修改参数却不好选中某个参数时，可以利用公式语法提示悬浮窗，单击某一个参数名称即可选中公式中此参数的部分。

NO.286

插入图表

扫码看视频 ▶

都说"字不如表，表不如图"，想要高效直观地传递出数据中的信息，最优方案就是使用图表。如何在Excel中插入图表？

图表类型很多，不过操作和图表元素大致相同。

❶ 选择要创建图表的数据区域；

❷ 单击"插入"，在"图表"工具组中有多种图表类型；

❸ 单击"柱形图或条形图"-"二维柱形图"里的"簇状柱形图"，以柱形图为例，实际情况按需选择。

图表即创建完成。

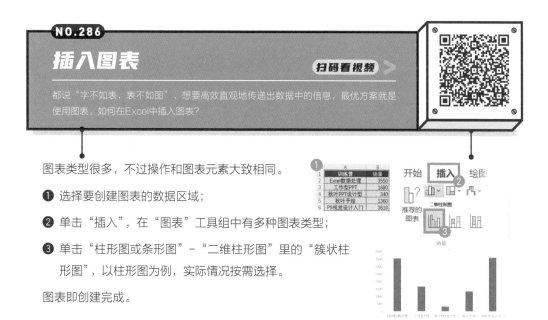

NO.287

快速调整图表数据范围

扫码看视频 ▶

有时图表需要删一部分柱形图，或者增加一部分数据区域的柱形图，是不是要把数据增删后，重新创建图表呢？不用！

选中图表之后，会看到图表数据区域上有几个颜色引用框，这几个引用框区域分别是图表的系列名称、系列值及水平轴标签。引用框的四个角上各有一个小方块。

把鼠标移至这些小方块上，当鼠标指针变成一个双向箭头时，按住鼠标左键不放拖动，即可改变引用框的大小；把鼠标移至引用框的四边上，当鼠标指针变成一个四向箭头时，按住鼠标左键不放拖动，即可移动引用框的位置。

通过以上两个操作就可以快速调整图表的数据范围。

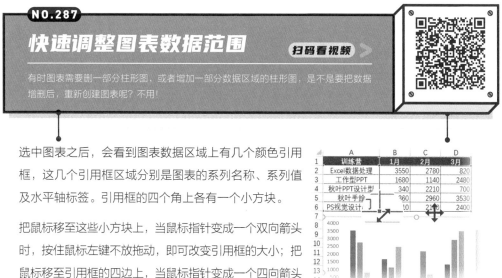

NO.288
调转横坐标与系列标签　　扫码看视频 >

插入图表后发现，图表的样子跟想象中不大一样，想要分析销量在月份上的变化趋势，可横坐标轴不是月份，而是课程分类，怎样才能调转横坐标轴与系列标签呢？

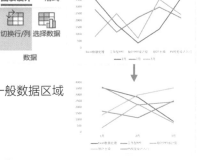

插入图表时，默认数据行标签为图表的横坐标轴标签，列标签为图表的系列标签。调转横坐标轴与系列标签有两种方法。

方法一：将数据区域进行行列转置

"选择性粘贴"-"转置"（详见技巧 NO.233），但一般数据区域不能改动。

方法二：将图表进行行列切换

选中图表，在"图表设计"选项卡中单击"切换行/列"即可。

NO.289
快速添加新的数据系列　　扫码看视频 >

基于现有图表要添加新的数据系列，这样的情况很常见，难道每次都要从零开始创建图表吗？

方法一：复制粘贴

按快捷组合键【Ctrl+C】复制要添加的数据区域，然后选中图表，按快捷组合键【Ctrl+V】粘贴，即可快速添加新的数据系列。

方法二：调整图表数据区域引用框（见技巧 NO.287）

方法三：设置数据源

选中图表，单击"图表设计"-"选择数据"，在"选择数据源"中单击"添加"可添加数据系列。

三种方法中，前两种方法比较简单快速，但方法三的设置自由度最高。

认识图表元素:

图表元素非常多,但想要认识它们并不难。移动鼠标,把鼠标指针悬停在图表元素上方,即会出现元素相关信息的悬浮窗。

添加图表元素:

选中图表,在"图表设计"单击添加图表元素,里面有所有的图表元素选项,单击即可添加。或者单击图表右上角的"+"图标,也可以添加图表元素。

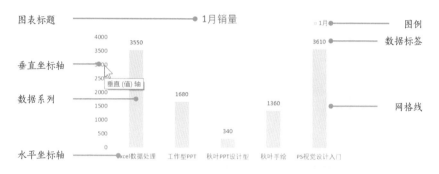

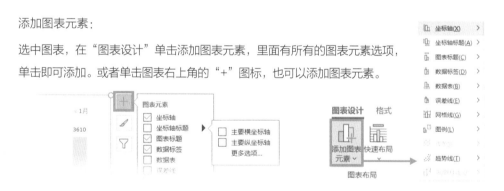

删除图表元素:

选中要删除的图表元素,按【Delete】键即可删除。

NO.291

给单个数据点添加标签

扫码看视频 >

有时需要强调某个数据点，想要只给单个柱形添加数据标签，可是一添加就把所有的数据点都加上了。怎么才能给单个数据点添加数据标签？

如果选中整个图表，添加数据标签（添加方法详见技巧 NO.290 ），会将图表中所有数据系列的所有数据点全部添加上标签。想要给单个数据点添加标签，必须先选中该数据点。

❶ 单击数据点一次，会将该数据点的整个数据系列选中；

❷ 再单击一次，就能选中单个数据点（选中元素边上会出现圆点）；

❸ 单击鼠标右键，选择"添加数据标签"即可。

注意：编辑图表时，无论是添加、删除或是设置图表的哪个元素，一定要先选中对象，再进行操作。

NO.292

修改坐标轴的刻度间距

扫码看视频 >

自动生成的图表坐标轴刻度间距不符合需求，如何能自定义坐标轴的刻度间距？

❶ 选中要修改的坐标轴，单击鼠标右键，选择"设置坐标轴格式"；

❷ 在"设置坐标轴格式"面板的"坐标轴选项"中自定义坐标轴的单位。

不同坐标轴标签数据类型（数值、文本、日期）对应坐标轴选项中的设置会有不同，数值的单位中是数值，日期的单位则是"天 / 月 / 年"，所以修改坐标轴刻度间距的具体设置操作视实际情况而定。

NO.293

坐标轴标签太长倾斜显示

扫码看视频 >

当坐标轴标签太长，图表宽度不够时，标签便会倾斜显示，并且有一部分文字被省略，这样看起来既不美观更不便于阅读。那如何让标签纵向显示？

❶ 选中图表水平坐标轴；

❷ 单击鼠标右键，选择"设置坐标轴格式"；

❸ 在"设置坐标轴格式"面板中依次单击"文本选项"–"文本框"；

❹ 将"文字方向"设置为"竖排"。

设置完成后标签就变纵向显示了。

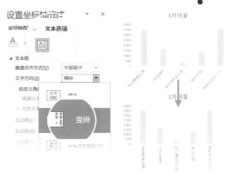

NO.294

图表标题自动变化

扫码看视频 >

做动态图表时，经常会遇见这种问题：如何让图表标题跟随单元格内容的变化而变化？

❶ 选中图表标题；

❷ 单击编辑栏；

❸ 输入"="，然后单击要获取内容的单元格；

❹ 按【Enter】键。

单元格值获取完成。

补充知识点：如果在 Excel 中插入文本框，想要从某个单元格获取值，也用该方法。

❶ 选中数据标签后，单击鼠标右键，选择"设置数据标签格式"；

❷ 在"标签选项"中勾选"单元格中的值"，会弹出"数据标签区域"对话框；

❸ 单击"选择数据标签区域"编辑框，选择需要的单元格区域。

"标签选项"中除了"单元格中的值"，还有"系列名称""类别名称""值"等，还可以设置标签选项间的分隔符，根据实际场景需要可以选择性勾选。

❶ 选中图表，单击"图表设计"选项卡；

❷ 在"更改颜色"中，可以快速更改图表配色。

配色列表中有彩色和单色多种配色方案可供选择，这些配色与文件的主题色相关。如果更改主题色，此颜色列表中的配色也会变化。

所以，如果想要获取更多配色方案，可以在"页面布局"中修改"主题色"，也可以自定义（详见技巧 NO.190）。

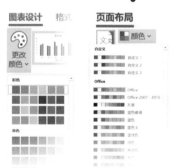

NO.297

快速美化图表

扫码看视频 >

图表美化是一大难题，而且美化是没有标准的，很容易在上面浪费时间。在工作中制作图表要的就是效率，那如何快速美化图表呢？

选中图表，在"图表设计"-"图表样式"工具组中，可以快速切换不同的图表样式，配合技巧 NO.296 快速更改图表配色，即可快速美化图表。

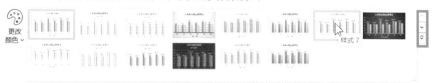

在美化图表时需注意：删除不必要的元素，把空间留给有用的信息；突出要强调的元素，让关键信息一目了然；适当用图表元素引导视线；图表元素（包括颜色、大小、类别等）要统一、对齐。

NO.298

调节柱形宽度和系列重叠

扫码看视频 >

为什么有的柱形图窄，有的柱形图宽，有的柱形图两个系列是分开的，有的柱形图两个系列能重叠，这些都是怎么设置的？

❶ 选中数据系列（柱形）；

❷ 单击鼠标右键，选择"设置数据系列格式"。

在右侧设置面板的系列选项中有如下两个参数。

系列重叠：指系列与系列的重叠度，0 时系列之间无重叠紧挨着，100% 时系列中线完全重叠，重叠度越小，系列中线距离越远。

间隙宽度：指同一系列内柱形与柱形间的间隙，间隙宽度越大，柱形本身的宽度就越小。

NO.299

在单元格中添加数据条

扫码看视频 >

报表中一堆数据看着密密麻麻，一眼看不出哪个大哪个小，但如果直接给每个单元格中添加一个像条形图一样的数据条，数据的大小区分就很清晰了。

❶ 选择需要添加数据条的单元格区域；

❷ 在"开始"选项卡中单击"条件格式"；

❸ "数据条"中选择一个数据条样式即可。

如果要对数据条做更多设置，可以单击"管理规则"，双击规则进入"编辑格式规则"对话框中进行自定义设置。

NO.300

单元格中添加迷你柱形图

扫码看视频 >

二维表格的数据可视化可以用技巧NO.299中的数据条比较直观地显示出数据的大小，但想要清晰比对多个数据的大小这还不够。用迷你图，只占一个单元格的"图表"！

❶ 选中迷你图的数据区域；

❷ 在"插入"选项卡选择 "柱形"；

❸ 在"创建迷你图"对话框中，选择放置迷你图的位置，单击"确定"按钮。

如果是每行数据生成一个迷你图，就在数据区域旁边列上，选择相同行数的单元格区域；每列数据生成迷你图同理。

NO.301

单元格中添加红绿灯图标

扫码看视频 >

报表中数据如果能分段显示不一样颜色的图标，数据的层级就非常清晰了。如何在单元格中添加红绿灯一样的图标？

❶ 选择要设置格式的单元格区域，依次单击"开始"-"条件格式"-"图标集"，选择"三色交通灯"形状。

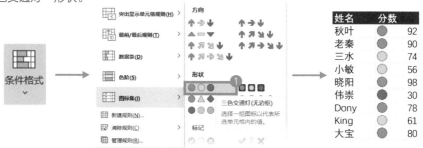

这样红绿灯图标就已经添加完成，但默认的层级分布可能并不符合实际需求（比如：不及格的数据没有变红），需要修改各层级值的范围。

❷ 在"条件格式"中单击"管理规则"。

❸ 在"条件格式规则管理器"中，先选中要编辑的规则，再单击"编辑规则"，或直接双击要编辑的规则，进入"编辑格式规则"对话框。

因为预先选择了"图标集"条件格式，所以规则类型、格式样式、图标样式都不需要变动，只要修改"值"的相关规则即可。

❹ 在值类型中均选择"数字"。

❺ 绿灯的值为">=90",黄灯的值为">=60",默认红灯的值"<60",确定设置即完成规则的修改。

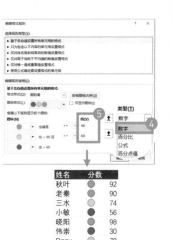

四种值类型如下。

数字：值为数字、日期或时间，根据数字的特性进行大小比较。

百分比：将数据区域中最大值与最小值之间按照数值大小进行百分比划分等级，最大值为100%，最小值为0%。

百分点值：将数据区域中数据进行排序，按照数据点数量的比例找到对应百分比位置处的数据点，并按此数据点的值进行划分。

公式：以等号开始的公式，公式返回的结果为数字、日期、时间。

NO.302
用特殊符号做图表

扫码看视频 >

购物App中经常会有五星评分，这种效果其实用Excel也能做出来。只需用一个REPT函数和五角星符号。

REPT 函数可以将文本重复一定的次数，语法：*REPT(text, number_times)*。

第 1 个参数是要重复的文本，第 2 个参数是重复的次数。

C2 单元格公式：=REPT("★",B2)。

D2 单 元 格 公 式：=REPT("★",B2)&REPT("☆",5-B2)。

实心星星个数即评分的单元格值；空心星星个数为总分减去实际评分。REPT 函数的结果是文本，直接将两个函数结果用"&"文本连接符可以连接在一起。

说明：1. 特殊符号★☆在输入法的符号大全中可以找到；2. 修改字体颜色即可修改图标颜色。

用组合图表可以实现这个效果。

❶ 准备好图表的数据源，添加一个辅助列，用 IF 函
数公式来判断：当前行的销量是否是最大值。如果
是，则返回这个值，如果不是，则返回空。

公式：=IF(B2=MAX($B$2:$B$6),B2,"")。

用这个辅助列，就能把最大值单独放在一列中，单
独为一个数据系列。

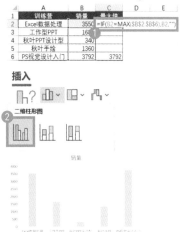

❷ 选择 A、B 列的数据区域，单击"插入"-"簇状
柱形图"得到基本柱形图。

接下来需要将辅助列数据添加为一个新的数据系列。

❸ 选中创建好的柱形图，单击"图表设计"-"选择数据"。

❹ 在"选择数据源"对话框中单击"添加"，弹出"编辑数据系列"对话框。

❺ 选择 C1 单元格作为系列名称，C2:C6 为系列值区域，单击"确定"按钮。

这样就已经把辅助列数据添加到图表中了，但是还没有达到所需的效果。其实只需将系列重叠调整成 100% 就可以了。

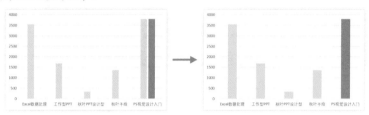

❻ 单击选中任一一个数据系列，鼠标右键单击"设置数据系列格式"。

❼ 在右侧面板中调整"系列重叠"为"100%"。

此时，辅助列的数据系列在原图表数据系列上方，同为最大值的数据点就被遮挡住了，呈现出一种突出显示最大值的效果。

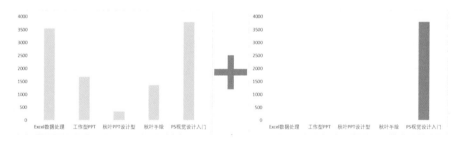

因为辅助列是用公式生成的，当 B 列数据发生变化时，辅助列的数据也会自动变化，从而实现始终自动突出显示最大值数据点的效果。

NO.304
制作带控制线的柱形图
扫码看视频 ≫

质量控制岗位监测产品的品质是否合格，直接看数据或看图表不是很直观，如果图表中有质量控制线，能一眼看清质量高于还是低于控制线，就非常方便了！

添加辅助列用组合图表来实现带有控制线的柱形图。

❶ 先基于数据源创建一个簇状柱形图，单击"插入"-"簇状柱形图"。

接下来需要在数据源旁添加辅助列，辅助列是用来创建控制线数据系列的，直接全部设置为控制线的数值大小。

❷ 添加辅助列，在辅助列单元格中批量填入控制线的值。

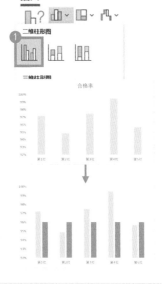

产品	合格率	辅助列
第1批	97%	96%
第2批	95%	96%
第3批	98%	96%
第4批	100%	96%
第5批	96%	96%

❸ 选中图表，单击"图表设计"-"选择数据"。

❹ 单击"添加"，在"编辑数据系列"对话框中设置好系列的名称与值的区域后确定。

现在的"辅助列"数据系列是柱形图，但控制线是"线"，所以要把"辅助列"数据系列的图表类型更换成折线图。

❺ 选中图表，在"图表设计"中单击"更改图表类型"。

231

❻ 在"更改图表类型"对话框中单击"组合图"。

❼ 将"辅助列"数据系列的图表类型设置为"折线图",单击"确定"按钮。

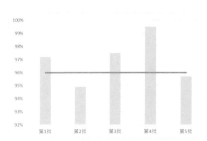

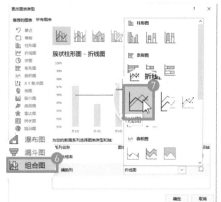

设置完成,效果如上图所示,控制线大致就出来了,不过实线有点生硬,可以将控制线设为虚线。

❽ 选中"控制线"数据系列,设置数据系列格式,在"系列选项"-"填充与线条"-"线条"中,将"短划线类型"设置为"方点",即可将控制线的实线变为虚线。

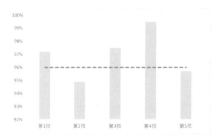

到此,带控制线的柱形图就制作完成了。如果要多条控制线,只需添加多个辅助列即可。控制线也不一定要用折线图,用面积图也可以实现划分区域的效果,自己动手尝试一下吧。

NO.305

连接断开的折线图

扫码看视频 ▶▶

折线图断开了，一检查发现，原来断开点的数据是空值。Excel默认生成的折线图会将空单元格位置留空，那如何让断开点连接起来？

首先要明确 Excel 中空值与零值的区别，零值是"0"数据，而空值没有数据。

接下来看一下如何让断开点连起来。

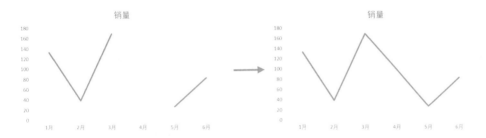

❶ 选中折线图图表，在"图表设计"中单击"选择数据"；

❷ 在"选择数据源"对话框中单击"隐藏的单元格和空单元格"；

❸ 在"隐藏和空单元格设置"中设置"空单元格显示为"为"用直线连接数据点"。

设置完成，即可将断开点用直线连起来。如果要将空单元格作为零值，则在第❸步选择"零值"。

补充知识点：

如果在隐藏行或列之后，发现图表不见了，在图表的"隐藏和空单元格设置"中勾选"显示隐藏行列中的数据"即可解决。

NO.306

图表受单元格大小影响

扫码看视频 >

在调整行高列宽时发现，图表的大小也随着变动。如何才能不让图表随着单元格大小的变化而变化？

❶ 选中图表，单击鼠标右键，选择"设置图表区域格式"；

❷ 在"设置图表区格式"面板中，"图表选项"-"大小与属性" 设置为"不随单元格改变位置和大小"。

如果不限制图表的位置，也可以选择"随单元格改变位置，但不改变大小"。

NO.307

图表快速排布对齐

扫码看视频 >

一个图表盘中一般有多个图表，为了图表的美观需要将图表横向纵向对齐。但在Excel中没有参考线，如何快速对齐？

Excel 中的网格线其实就是参考线，利用网格线可以快速对齐 Excel 中的对象，包括图表。

方法一：在拖动图表时，按住【Alt】键，图表边缘会强制对齐网格线。

方法二：在"格式"-"对齐"中，单击选中"对齐网格"，不用按住快捷键也能强制对齐网格线及对齐形状。

方法三：在选中多个图表或其他对象的状态下，可以直接用批量对齐工具进行排布对齐。

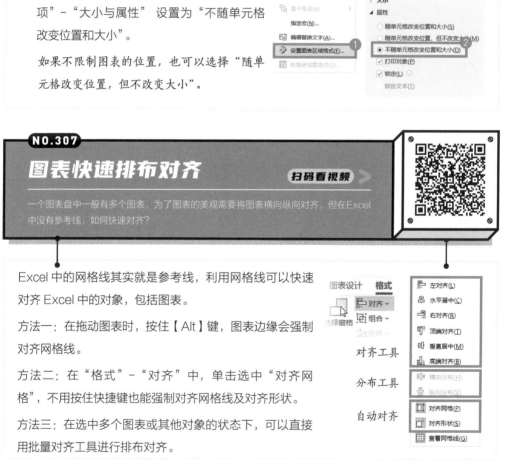

NO.308

联动控制多个图表

扫码看视频 ▶

制作动态仪表盘时经常会遇见一个问题，为什么这个图表动了，那个图表没动？这是因为并没有将图表的关联做好。

动态图表本质是动态的数据区域，所以图表的关联本质是数据的关联。

Excel 中动态仪表盘做法一般有：透视图表 + 切片器；函数公式 + 控件。

方法 1：应在插入切片器后，在"切片器"选项卡中单击"报表连接"来勾选多个报表联动控制。

方法 2：需要将多个图表数据源的函数公式均与控件所控制的单元格产生连接，控件的设置详见技巧 NO.313。

更多动态数据源的设置请看第 20 章。

NO.309

常见的图表分析指标

扫码看视频 ▶

拿到一份数据源，不知道该从何入手进行分析？来看看常见的图表分析指标有哪些。

常见的分析指标有以下四类。

极值：分析数据中的最大值、最小值，可以用的图表种类很多，如柱形图、条形图、饼图都可以用来对比数据的大小，突出显示极值。不过当数据点比较多时，饼图就不适用了。

差异：分析数据上升、下降的差异值，销售情况变好或变差，转化率逐层变化情况等。

趋势：一般是分析数据在时间维度上的变化趋势，常用折线图来分析。

整体：分析整体数据的情况，比如数据的总和、平均状况；分析某一部分的数据占整体的比例情况，常用饼图来分析。

NO.310

智能表格设置动态数据源

扫码看视频 >

Excel中动态分类统计报表、动态图表都是要基于动态更新的数据源，其实用智能表格就能快速设置动态更新的数据源。

因为智能表格有自动拓展区域的特性，利用这个特性即可创建动态数据源。

创建智能表格有以下 3 种方法。

方法一：插入表格

❶ 选择数据区域，在"插入"选项卡中单击"表格"；

❷ 在弹出的"创建表"对话框中确认数据区域中是否包含标题行，如包含，则勾选"表包含标题"，确定后智能表格即创建完成。

方法二：套用表格样式

❶ 选择数据区域，在"开始"选项卡中单击套用表格格式，在其中单击任选一个表格样式；

❷ 在弹出的"套用表格式"中确认是否"表包含标题"。

方法三：快捷键法

选中数据区域后，按快捷组合键【Ctrl+T】或【Ctrl+L】弹出"创建表"对话框，进行设置即可。

将普通数据区域转换为智能表格之后，在智能表格右下角有一个"L"形标记，就是指智能表格的范围。

当在智能表格的下方一行或右边一列输入数据后，智能表格区域会自动拓展一行或一列。

训练营	月份	学员人数
Excel数据处理	1月	219
工作型PPT	1月	197
秋叶PPT设计型	1月	235
秋叶手绘	1月	223
PS视觉设计入门	1月	139

用智能表格创建数据透视表、图表后，如果后期添加数据，只需在"数据"中"全部刷新"，就能自动更新报表和图表的结果。

为了方便更改数据，可以用技巧 NO.176 在 A10 单元格设置一个下拉列表。后面 6 个月的数据只需根据 A10 单元格在 A2:G7 区域中进行查询。

使用 VLOOKUP 函数，在 B10 单元格输入公式：

=VLOOKUP($A$10,$A$2:$G$7,COLUMN(),FALSE)

解释说明：

- 第 1、2 参数为绝对引用，当公式向右填充时，引用区域绝对不变；

- 第 3 参数使用 COLUMN 函数获取当前单元格的列号，当公式向右填充时，列号发生改变，从而查询返回值的列数也发生改变。

使用 INDEX+MATCH 函数，在 B10 单元格输入公式：

=INDEX($B$2:$G$7,MATCH($A$10,$A$2:$A$7,0),MATCH(B9,$B$1:$G$1,0))

解释说明：

- 用 MATCH 函数分别查询出 $A$10 的数据在 $A$2:$A$7 行标签区域中的行数、B9 数据在 $B$1:$G$1 列标签区域的列数；

- 再用 INDEX 函数在值区域中根据查询到的行列号来定位出值；

- 参数中的单元格引用方式根据实际情况而定，引用单元格/区域要求不变就按【F4】键锁住。

这种动态数据区域也是数据的双向查询，除了以上两种方法，还可以参考技巧 NO.240 的方法。

NO.312

定义名称构建动态数据源 扫码看视频 >

定义名称本身并不能实现动态数据区域，但将定义名称与OFFSET函数结合起来，就可以构建动态数据源！

先认识一下 OFFSET 函数，OFFSET 函数可以返回对单元格或单元格区域中指定行数和列数的区域的引用。也就是说 OFFSET 函数返回的结果是对区域的引用，如果能对其参数进行动态调整，就能构成一个动态区域。

OFFSET 函数语法：OFFSET(reference, rows, cols, [height], [width])。

第 1 参数：reference，偏移基准的参照点。

第 2 参数：rows，从参照点起偏移的行数，正数向下偏移，负数向上偏移。

第 3 参数：cols，从参照点起偏移的列数，正数向右偏移，负数向左偏移。

第 4 参数：height，引用区域的行高。

第 5 参数：width，引用区域的列宽。

以从数据源表中提取指定日期开始的指定天数的数据区域为例，将"起始日期"和"天数"均添加在表中。

❶ 在"公式"选项卡中单击"定义名称"。

❷ "编辑名称"对话框中设置"名称"为"日期"。

名称要设置一个便于识别的，之后想要引用区域，直接输入该名称即可。

❸ 在"引用位置"编辑一个 OFFSET 公式：

=OFFSET(sheet3!$A$1,MATCH(sheet3!$E$2,sheet3!$A:$A,0)−1,,sheet3!$E$3,1)

解释说明：

• 使用 MATCH 函数找出 E2 单元格的起始日期在 A 列中的位置；

• 用 OFFSET 函数引用的区域——以 A1 为参照点，向下偏移 MATCH 查询到的行数减1，向右不偏移，引用一个行高为 E3 天数的值、列宽为 1 的区域。

这样就把需要引用的日期列数据定义为"日期"名称。

❹ 重复❶❷❸操作，再把需要引用的销量列数据定义为"销量"名称，引用位置公式如下：

=OFFSET(sheet3!$B$1,MATCH(sheet3!$E$2,sheet3!$A:$A,0)–1,,sheet3!$E$3,1)

说明："sheet3"是当前工作表名称，"sheet3!"表示"sheet3 表的"单元格或区域。

如何使用定义好的名称呢？

方法一：

编辑公式时，当要引用某个名称的区域，可在"公式"选项卡中单击"用于公式"，选择名称，即可插入定义名称的引用区域。

方法二：

编辑公式时，直接在公式中输入定义好的名称即可。

定义名称通过 OFFSET 函数与 E2、E3 单元格产生联接，当 E2、E3 单元格的值发生变动，定义名称的引用区域也会改变，从而得以构建一个动态数据源。

NO.313
用控件切换数据引用位置 扫码看视频 >

控件其实只能控制一个单元格，想要切换数据引用位置，还得把控件和函数公式结合起来使用。

控件需从"开发工具"选项卡中插入，先把"开发工具"选项卡调出来。

❶ 依次单击"文件"-"选项"；

❷ 在"Excel 选项"对话框中，单击"自定义功能区"；

❸ 在"主选项卡"中勾选"开发工具"。

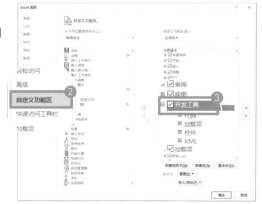

接下来先插入一个控件，看看控件控制的到底是什么。

❶ 在"开发工具"选项卡中单击"插入"；

❷ 选择一个控件类型，比如"列表框"，当指针变成一个"+"时，按住鼠标拖曳，就可以拖出一个列表框；

❸ 在列表框上单击鼠标右键，选择"设置控件格式"，会弹出"设置控件格式"对话框；

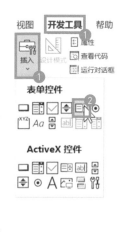

❹ 在"控制"选项卡中设置以下两个参数。

数据源区域：列表框控件中选项的数据来源 B2:B7。

单元格链接：控件与 A10 单元格链接。

使用控件切换数据引用位置的关键就在于"单元格链接"的这个单元格上。

控件与链接单元格的关系：

1. 控件中选项的选择会影响单元格中的值，修改单元格的值也会影响控件的选项，是双向控制；

2. 控件中被选中选项在数据源区域（或创建顺序）中的排序序号，即为单元格的数值。

最后，只需在需查询数据的区域中用查询函数公式，根据控件链接的单元格 A10 做数据查询，就可以做出一个根据控件选项自动切换的数据区域。

B10 单元格公式：=INDEX(B$2:B$7,$A$10)，将公式向右填充，即可查询到整行数据。

INDEX 函数第 1 个参数锁行不锁列，公式向右填充时，引用区域会相对移动；第 2 个参数为 A10 单元格，始终不动。

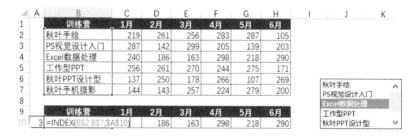

查询函数公式写法不唯一，因为有一个现成的区域行数，使用INDEX函数查询比较方便。

写法 2：=INDEX($B$2:$H$7,$A$10,COLUMN()-1)

写法 3：=INDEX($B$2:$H$7,$A$10,MATCH(B$9,$B$1:$H$1,0))

NO.314

录制宏自动完成重复工作 扫码看视频 >

Excel中有些任务需要把一系列的动作重复做，难道就没有什么办法可以让Excel自动完成这些重复操作吗？

"宏"能在 Excel 环境中运行一系列的操作指令，帮助我们完成重复的操作，提高工作效率。本质上就是运行一串代码，听起来很复杂，不过其实用"录制宏"功能就可以把 Excel 中的操作给变成代码记录下来。

❶ 在"开发工具"选项卡中单击"录制宏"。

"开发工具"选项卡调出方法详见技巧 NO.313。

❷ 在弹出的"录制宏"对话框中，设置"宏名"以便于后续识别。

❸ 设置宏的快捷键，后续按快捷键即可快速运行宏。

确定之后，就已经进入录制宏的状态。

接下来在 Excel 中的每一步操作，哪怕是选中一个单元格，都会以代码的形式被记录下来，此处省略具体操作。

❹ 完成一系列操作之后，单击"停止录制"。

宏的录制就完成了。

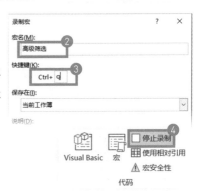

如何运行宏？

方法一：使用快捷键，但前提是设置了快捷键。

方法二：单击"开发工具"-"宏"打开宏列表，选中要运行的宏，单击"执行"按钮。

运行宏本质是运行代码，可以将所有被录制的操作代码重新运行一遍，达到自动完成重复性工作的目的。

第3篇 》》
PPT办公应用

NO.315

修改PPT画布比例

扫码看视频 >

PPT演示中，如果不注意页面比例，播放时经常出现难看的黑边，只有当PPT的比例与投影仪分辨率比例一致时，才可以铺满屏幕，那么如何修改画布比例？

场景一：常用画布比例修改

❶ 单击 PPT 菜单栏中的"设计"；

❷ 单击"幻灯片大小"下拉菜单；

❸ 选择想要修改的画布比例；

❹ 弹出对话框后，选择画布缩放样式。

"最大化"是通过裁剪画布，达到新指定的页面比例，可能无法显示完整。

"确保合适"是通过拓展画布，达到新指定的页面比例，可能产生白边。

场景二：特殊画布比例修改

❶ 单击 PPT 菜单栏中的"设计"。

❷ 单击"幻灯片大小"下拉菜单。

❸ 单击"自定义幻灯片大小"。

❹ 修改宽度与高度，自由设置尺寸。

LED 屏幕宽 5 米，高 2.5 米，比例是 2:1，可以设置宽高分别为 100 厘米、50 厘米，尺寸越大，投影画面越清晰，文件越大。

❺ 修改幻灯片的方向。

做竖版的海报时需要把画布变成竖版，根据具体的需求来选择。

❻ 修改后，单击"确定"按钮。

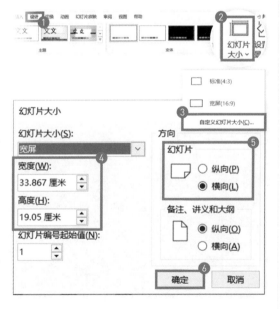

新建 PPT 时默认字体为宋体，但工作时常用的字体是微软雅黑，每插一次文本框都得改一次字体，特别麻烦，有没有办法一次性设置好？

① 单击 PPT 菜单栏中的"设计"；

② 单击"变体"下拉菜单；

③ 单击"字体"下拉菜单；

④ 选择已有字体搭配或"自定义字体"；

⑤ 本案例将所有字体统一为"微软雅黑"；

⑥ 单击"保存"按钮。

设置好之后，当新建文本或新建幻灯片的时候，字体就是你所设置的主题字体，不用时刻惦记着换字体了！

NO.317

设置主题颜色

扫码看视频 >

每次插入形状或图表时都是系统默认的颜色，不符合自己的要求，每次都得一遍遍修改颜色，有没有办法一次性设置好？

❶ 单击 PPT 菜单栏 中的"设计"；

❷ 单击"变体"下拉菜单；

❸ 单击"颜色"下拉菜单；

❹ 选择已有字体搭配或"自定义字体"；

❺ 自定义常用颜色搭配；

❻ 单击"保存"按钮。

可以通过设置为 Logo 的颜色或你喜欢的配色作为主题颜色，当你再插入形状或图表的时候，就会默认使用你所使用的颜色，不用烦琐地更换颜色了！

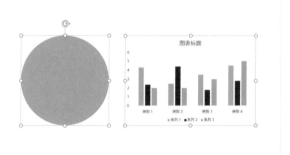

NO.318

添加对齐参考线

扫码看视频 >

每次要给PPT中的元素对齐时，只能凭眼睛观看是否对齐，经常不精准，怎么办？
如何确定元素是否真正对齐了？

❶ 单击 PPT 菜单栏中的 "视图"；

❷ 单击勾选 "参考线"。

　　隐藏参考线可以再次单击 "参考线"，删除参考线可以将参考线拖至画布外。

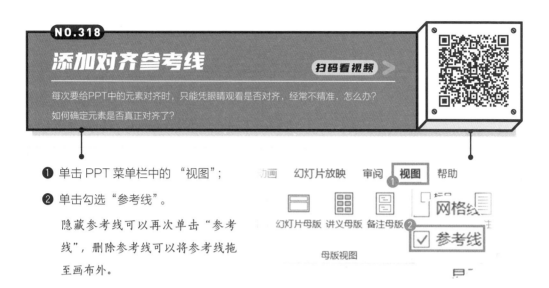

NO.319

添加画布钉子

扫码看视频 >

用鼠标滚轮上下滚动查看PPT边缘元素的时候，经常会容易切换页面，即便小心翼翼地滚鼠标，往往也总会把人搞到崩溃，有没有什么方法解决这个问题？

❶ 单击菜单栏中的 "视图-幻灯片母版"；

❷ 单击 "母版"；

❸ 按【Ctrl】键＋鼠标滚轮缩小画布，在画布四周任意放上几个形状；

❹ 关闭母版视图。

　　添加完画布钉子后，就不需要担心，不小心切换页面了。

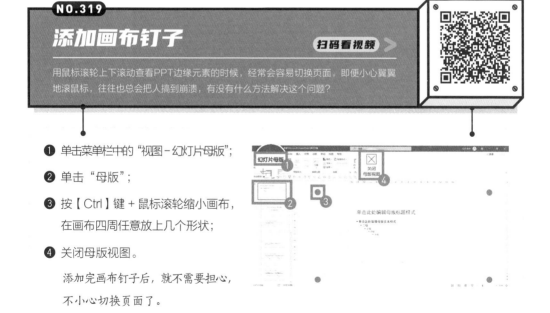

NO.320

幻灯片分组排列

扫码看视频 >

一份PPT通常由多个不同的主题内容组成，如何才能对不同的内容进行分类，清晰知道每一部分所讲的内容？

❶ 在幻灯片左侧缩览图中，在要分组的幻灯片上方单击鼠标右键；

❷ 单击"新增节"；

❸ 在"节名称"中输入节名；

❹ 完成命名后单击"重命名"。

若要删除节只需右键单击节内容，单击"删除节"即可。

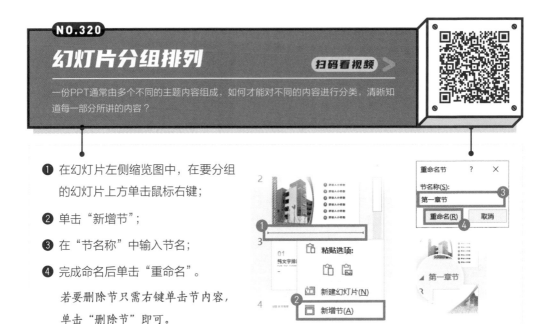

NO.321

幻灯片隐藏

扫码看视频 >

做了很多页幻灯片，但放映时有些暂时用不到，又不能删，有没有折中的解决方案？

❶ 选中幻灯片，单击鼠标右键；

❷ 在弹出的菜单栏单击"隐藏幻灯片"。

隐藏的幻灯片放映时不会出现，若想让隐藏的幻灯片重新显示，只需要再次单击"隐藏幻灯片"即可。

NO.322

幻灯片浏览视图模式

扫码看视频 >

PPT页数有很多，想要查找某一页的内容，每次都需要一页页地翻，太麻烦了！
如何才能看到所有的幻灯片，快速定位？

方法一：

❶ 单击 PPT 菜单栏 中的"视图"；

❷ 单击"幻灯片浏览"。

再次单击"幻灯片预览"可返回普通
视图模式。

方法二：

单击幻灯片底部的"幻灯片浏览"图标。

NO.323

幻灯片演讲者视图模式

扫码看视频 >

公司领导要求明天准备一个分享会，用PPT展示一下工作成果，PPT好办，但是明天
就要用，时间紧急，演讲稿背不下来怎么办？

❶ 在幻灯片下方添加备注；

❷ 按快捷组合键【Shift+Alt+F5】，
打开演讲者视图模式，备注显示在
幻灯片右侧。

投影时别人只能看到普通放映视图的
界面，看不到备注区的内容，演讲者
视图也可以用来做演讲时的排练。

NO.324

设置排练计时

扫码看视频 >>

进行PPT演讲前,我们都需要自行排练几次,以增加对演讲内容的熟练度,排练时经常需要用手机或其他设备来计时,有没有更简单的计时方法?

❶ 单击 PPT 菜单栏中的"幻灯片放映";

❷ 单击"排练计时"。

当进入排练后,会在幻灯片播放界面的左上角多出一个计时器,排练结束时,单击退出会显示总练习时长。

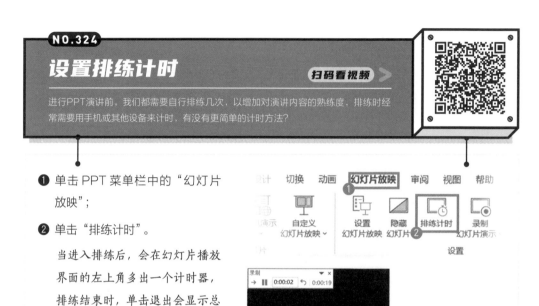

NO.325

添加文档批注

扫码看视频 >>

在给同事反馈PPT存在的问题时,经常需要一页页截图并说明原因,比较麻烦,有没有更加简单直观的反馈方法?

❶ 选中内容,单击 PPT 菜单栏中的"插入";

❷ 单击"批注";

❸ 输入批注的内容;

❹ 单击批注图标可查看批注内容。

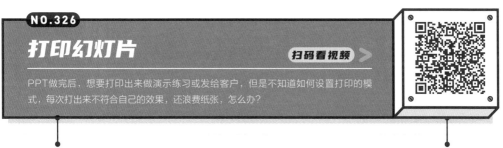

NO.326

打印幻灯片

扫码看视频 ➤

PPT做完后，想要打印出来做演示练习或发给客户，但是不知道如何设置打印的模式，每次打出来不符合自己的效果，还浪费纸张，怎么办？

场景一：打印幻灯片页数

❶ 单击 PPT 菜单栏 中的"文件"。

❷ 单击"打印"。

❸ 在"设置"中选择打印需求：

- "打印全部幻灯片"

- "打印当前幻灯片"

- "自定义范围"

❹ 单击"打印"按钮。

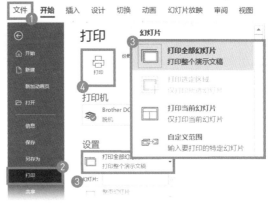

场景二：一页纸打几张幻灯片

❶ 单击 PPT 菜单栏 中的"文件"。

❷ 单击"打印"。

❸ 在"设置"中选择一页纸打印的数量：

- "整页幻灯片"每页一张

- "备注页"会打印备注区的文字

- "讲义"可选择不同的数量

❹ 单击"打印"按钮。

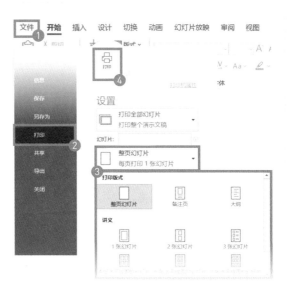

NO.327

去除PPT的默认版式

扫码看视频 >

新建的PPT总是存在默认版式，如"单击此处添加标题"等条条框框影响制作和创意，一个个删除又很麻烦！有没有简单快捷的去除方法？

❶ 选中幻灯片，单击菜单栏中的"开始"；

❷ 单击"版式"下拉菜单；

❸ 单击"空白"版式。

NO.328

应用幻灯片主题

扫码看视频 >

领导要求下班前把Word材料做成一份PPT，好不容易把Word材料放到PPT中，但是白底黑字的PPT不好交差，能不能快速给PPT套个模板？

❶ 单击 PPT 菜单栏中的"设计"；

❷ 单击"主题"下拉菜单；

❸ 单击自己喜欢的主题样式。

PPT 的"主题"其实就是 PPT 模板，能够一键将白底黑字的 PPT 更换背景，单击"浏览主题"还能导入其他模板。

NO.329

批量添加页码

扫码看视频 >

领导要求给每页PPT添加页码，一个个输入，可是有上百页PPT啊！有没有更加省时省力的方法？

❶ 单击 PPT 菜单栏中的"插入"；

❷ 单击"幻灯片编号"；

❸ 单击勾选"幻灯片编号"；

❹ 单击"全部应用"。

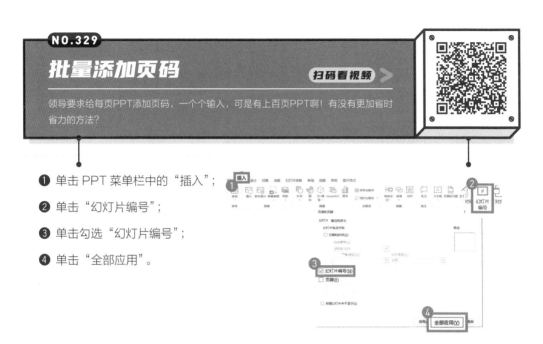

NO.330

批量更改背景颜色

扫码看视频 >

给PPT修改背景颜色时，很多人都是先插入一个矩形，然后修改颜色再置于底层，操作特别麻烦，而且容易误触到其他元素，有没有更简单快捷的方法？

❶ 在 PPT 空白处，单击鼠标右键选择"设置背景格式"；

❷ 单击"填充 – 颜色"修改背景颜色；

❸ 单击"应用到全部"。

NO.331

快速选中特定元素

扫码看视频 >

当PPT元素较多时，经常会选不到底层的元素，移动其他元素选择又需要重新调整，特别麻烦，有没有更快速精准的选择方式？

❶ 单击 PPT 菜单栏中的"开始"；

❷ 单击"选择"下拉菜单；

❸ 单击"选择窗格"；

❹ 在弹出的对话框中找到想选的元素。

　　选择窗格右侧的"眼睛"表示元素显示，想要隐藏特定元素，可以单击"眼睛"。

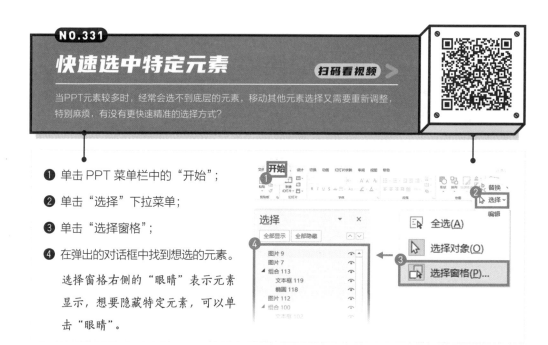

NO.332

语音快速输入文字

扫码看视频 >

我们经常需要将纸质版的文字输入PPT中，有时候懒得打字可以使用语音听写，如何通过语音快速输入文字？

❶ 新建一个文本框；

❷ 单击菜单栏中的"开始"；

❸ 单击"听写"；

　　用语音输入相关文字内容即可。

NO.333

调整元素的上下层顺序

扫码看视频 ＞

新插入元素时都会默认在最顶层，单击不到下面的元素，怎么办？如何调整元素之间的上下层级关系？

❶ 选中元素，单击菜单栏中的"开始"；

❷ 单击"排列"下拉菜单；

❸ 在"排列对象"中调整元素层级。

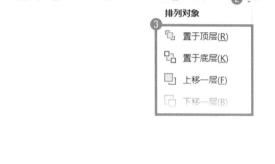

NO.334

调整多个元素组合

扫码看视频 ＞

想把相关联的元素一起移动开，每次只能一个个挪，特别麻烦，有没有什么方法能够让相关联的元素变成一个整体，一起移动？

❶ 框选元素，单击菜单栏中的"开始"；

❷ 单击"排列"下拉菜单；

❸ 在"组合对象"中单击"组合"。

　　"组合元素"组合键为【Ctrl+G】；

　　"取消组合"组合键为【Ctrl+Shift+G】。

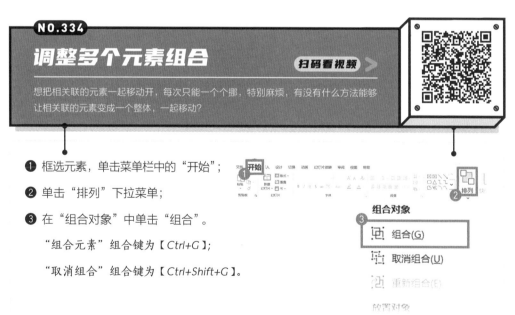

NO.335

调整多个元素快速对齐

扫码看视频 >

在做PPT时经常要求元素之间要对齐，但是很多人每次都是手动对齐，速度又慢，而且容易对不齐，有没有更快更准的对齐方式？

❶ 选中元素，单击菜单栏中的"开始"；

❷ 单击"排列"下拉菜单；

❸ 在"放置对象"中单击"对齐"；

❹ 选择自己想要的对齐模式。

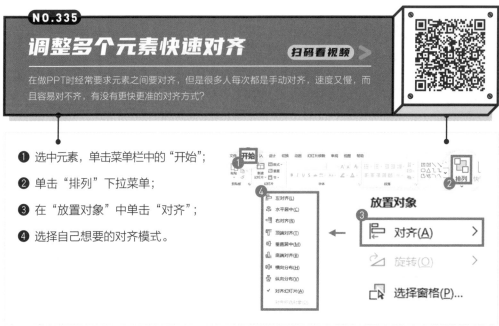

NO.336

调整元素的旋转角度

扫码看视频 >

想把元素调转一个方向或旋转一个特定的角度，手动调整经常有偏差，有没有什么方法能够精准地调整元素的角度？

❶ 选中元素，单击菜单栏中的"开始"；

❷ 单击"排列"下拉菜单；

❸ 在"放置对象"中单击"旋转"；

❹ 选择自己想要的旋转方式。

系统自带四种常用的旋转方式，单击"其他旋转选项"可自定义旋转角度。

NO.337

快速查找文本

扫码看视频 ➤

有时候PPT页数比较多，想要快速定位到特殊的文本进行处理与编辑，每次都得一个一个文本对照着看，特别麻烦，能不能快速定位想要查找的文本？

❶ 单击 PPT 菜单栏中的"开始"；

❷ 单击"查找"；

❸ 输入想要查找的文本内容；

❹ 单击"查找下一个"。

　　输入的文本内容越详细精准，定位的速度就会越快越精准。

NO.338

快速替换文本

扫码看视频 ➤

做PPT时，经常需要大批量更改文本内容，比如把2019年全部改成2020年，如果一个个改就特别耗时间，有没有更加简单快速的更改方式？

❶ 单击 PPT 菜单栏 中的"开始"；

❷ 单击"替换"；

❸ 输入查找内容与替换内容；

❹ 单击"全部替换"按钮。

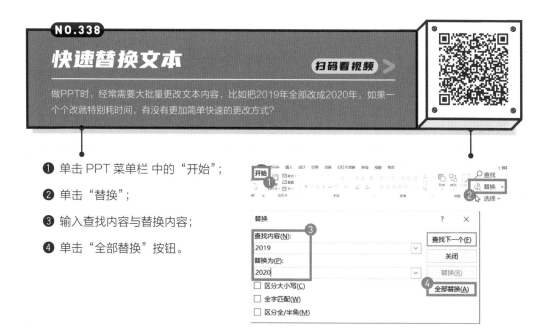

NO.339

添加超链接

扫码看视频

在PPT演示中,当我们需要在演示中途,跳转到某一个指定的页面、打开某个网页或其他文件时,通常都会使用超链接,那么如何插入超链接?

场景一: 跳转到现有文件

❶ 选中元素,鼠标右键单击"链接";

❷ 单击"插入链接";

❸ 弹出窗口后,单击"现有文件或网页";

❹ 选择想跳转的文件夹名称;

❺ 单击"确定"按钮。

场景二: 跳转到网页地址

❶ 选中元素,鼠标右键单击"链接";

❷ 单击"插入链接";

❸ 弹出窗口后,单击"现有文件或网页";

❹ 输入想要跳转的链接地址;

❺ 单击"确定"按钮。

场景三: 跳转到本幻灯片某一页

❶ 选中元素,鼠标右键单击"链接";

❷ 单击"插入链接";

❸ 弹出窗口后,单击"本文档中的位置";

❹ 选择要跳转的幻灯片页面;

❺ 单击"确定"按钮。

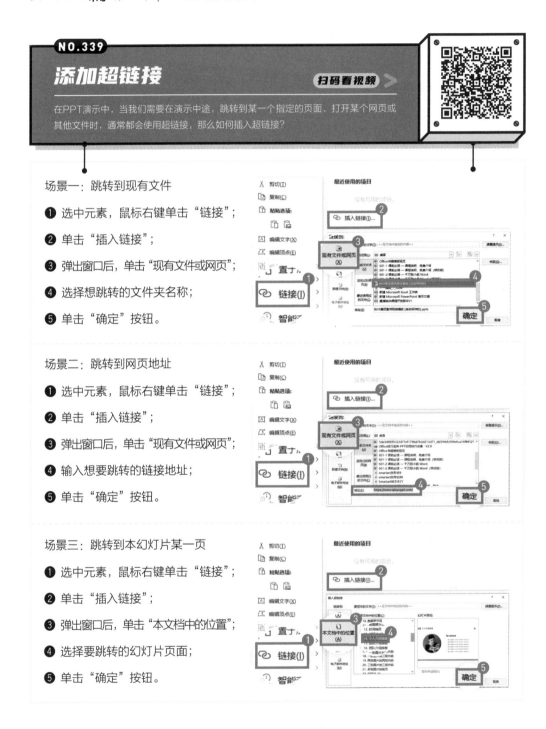

NO.340

去除超链接下划线

扫码看视频 ＞

每次插入超链接时，最头疼的问题就是文字底部带有下划线，如何添加超链接才能避免出现下划线？

给文字添加超链接没有下划线的方法在于，添加超链接时，选中整个文本框，如右图 ❶ 所示，而不是将鼠标光标单击在文本内容中间，如右图 ❷ 所示。

对文本框设置超链接后，文字原本的格式不会发生任何变化，放映时可跳转。

NO.341

PPT屏幕截图

扫码看视频 ＞

出差临时办公做PPT时，没有网络无法使用QQ或微信等截图工具，怎么办？其实PPT也有截图功能！

❶ 单击 PPT 菜单栏 中的"插入"；

❷ 单击"屏幕截图"；

❸ 单击"屏幕剪辑"。

单击后会出现屏幕截图界面，截图后图片会自动插入 PPT，也可以在可用的视窗中找到截图图片。

NO.342

批量导入图片

扫码看视频 >

领导说要给公司做一个每页一张照片的PPT宣传相册，可是足足有几百张照片啊！一张张插入实在太麻烦了！有没有省时省力的方法？

❶ 单击 PPT 菜单栏中的"插入"。

❷ 单击"相册"。

❸ 再单击"新建相册"。

❹ "插入图片来自"选择"文件/磁盘"。

如果PPT上需要配文字，可以在"插入文本"中选择"新建文本框"。

另外可以在"图片选项"中对插入的图片进行批量处理。

❺ 框选所需图片，单击"插入"按钮。

❻ 在相册对话框中单击"创建"按钮。

通过这样的步骤，上百张图片就可以一键导入，直接生成一个独立的 PPT！

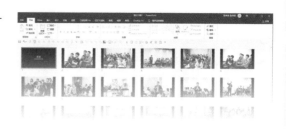

NO.343

批量导出图片

扫码看视频 >

如果想要把PPT文件导成一张张的图片，很多人都是使用截图工具一张张截，不仅效率特别低，而且清晰度也不高，那么，如何批量快速导出图片？

❶ 单击 PPT 菜单栏中的 "文件"；

❷ 单击 "导出"；

❸ 单击 "更改文件类型"；

❹ 选择图片保存的类型（本案例以保存为"PNG"格式为例）；

❺ 单击 "另存为－选择另存为的文件夹"；

❻ 单击 "确定"按钮；

❼ 选择要导出的幻灯片数量（本案例以导出"所有幻灯片"为例）。

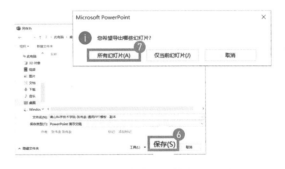

通过这样的步骤，就可以把幻灯片的所有页面自动存为一张张的图片并打包存在一个文件夹中。

NO.344

批量提取图片

扫码看视频 >

一份PPT中有很多需要在其他地方使用的照片或图片，一张张另存为太麻烦了！
有没有省时省力的方法，提取PPT文件中的这些图片？

❶ 把 PPT 文件的后缀格式改为 ".rar"。

直接修改文件后缀名会导致原始文件不可用，若要保留，请先备份。

若文件不显示后缀名，可单击"我的电脑"–"查看"，勾选"文件扩展名"。

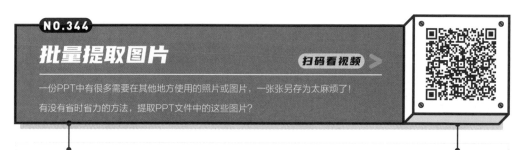

佛山科学技术学院-张伟崇-PPT模板.pptx

佛山科学技术学院-张伟崇-PPT模板.rar

❷ 用解压软件解压压缩包文件。

❸ 解压后双击命名为"ppt"的文件夹。

❹ 再双击命名为"media"的文件夹。

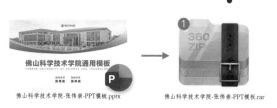

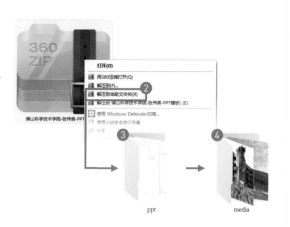

ppt

media

通过这样的步骤，PPT 里面所有的图片就会被批量提取出来了！

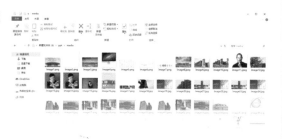

更改图片颜色

扫码看视频 >

你有没有遇到过，插入图片后发现图片色调与主色不符？如何才能使图片与页面上的其他元素更加协调？

比如你想表现历史的古朴感，选择褐色为主色。可图片素材主要颜色是红绿蓝，加入页面后显得比较杂乱，这时为了保证幻灯片整体色调的统一，可以将图片颜色统一为跟主色调相近的颜色。下面看一下具体操作。

① 选中图片，单击菜单栏中的"图片格式"；

② 单击"颜色"下拉菜单；

③ 在"重新着色"中选择跟主色相近的褐色。

将图片颜色修改为与主色相同或相近的色系，页面就更协调了。

NO.346

删除图片背景

扫码看视频 >

插入的图片带有背景，大大限制了排版时的发挥空间，如何才能将图片背景删除？

比如，右边人物图片背景与页面颜色不统一，显得格格不入，考虑到整体幻灯片色调统一又不能修改背景颜色，这时可以尝试将人物抠出来，既保证色调的统一，也有利于排版时的发挥，下面看一下具体操作。

❶ 选中图片，单击菜单栏中的"图片格式"。

❷ 单击"删除背景"。

系统会自动识别要删除的内容，紫色区域代表要删除的区域。

❸ 若主体被识别为要删除，单击"标记要保留的区域"并涂抹要保留的区域。

❹ 主体保留完整后，单击"保留更改"。

将图片背景删除后，就能够让图片更好地跟页面进行融合了！

比如右边的篮球，若按照原尺寸大小做成 PPT，右侧会留出大面积的空白，整体的版面也显得比较呆板，解决这一类问题可以尝试对竖版图片局部进行裁剪放大。下面看一下具体操作。

I Love This Game

❶ 选中图片，单击菜单栏中的"图片格式"；

❷ 单击"裁剪"；

❸ 再单击"裁剪"移动黑框调整选区；

❹ 调整后，单击裁剪区外任意位置应用即可。

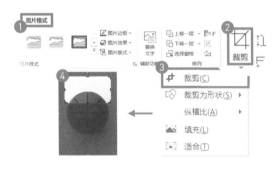

将裁剪后的图片放大并放上文字，就能做出右图所示的效果，整体版面的视觉效果是不是好了很多！

I Love This Game

NO.348

裁剪图片形状

扫码看视频 >>

领导经常吐槽PPT里的图片太过于死板，如何才能提升图片设计感呢？

比如，右边的原图方方正正，会让版面显得规规矩矩，略显呆板，要解决这类问题，可以尝试将方方正正的图片进行裁剪处理，让页面元素产生变化。下面看一下具体的操作。

❶ 选中图片，单击菜单栏中的"图片格式"；

❷ 单击"裁剪"；

❸ 再单击"裁剪为形状"；

❹ 在基本形状栏中单击"椭圆形"。

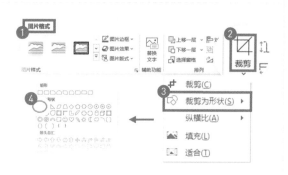

通过这样的操作，能够将原有的正方形图片裁剪成不同的形状，从而提升设计感！

NO.349

裁剪图片为圆形

扫码看视频 >

你有没有遇到过将图片裁剪成圆形，然后发现只能裁剪出椭圆状？如何才能将图片裁剪为圆形？

"裁剪成形状"会沿着图片边缘裁剪，直接将矩形裁剪为圆形只能得到椭圆，要想得到圆形，需要先将矩形裁剪为正方形，然后再裁剪为圆形。下面看一下具体操作。

❶ 选中图片，单击菜单栏中的"图片格式"。

❷ 单击"裁剪"。

❸ 单击"纵横比"为"1:1"。

　得到 1:1 的选区后，按【Shift】键可以等比例调整图片显示的区域。

❹ 单击"裁剪为形状"-"椭圆形"。

通过这样的步骤，就能够将矩形图片裁剪为圆形了。

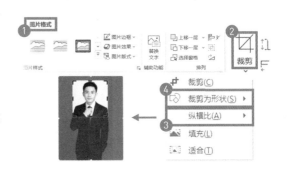

NO.350

等比例放大或缩小图片

扫码看视频 >

做PPT时，经常要放大或缩小图片，但每次都会导致图片变形，显得特别不专业，那么，如何才能等比例处理图片而不变形？

方法一：等比例调整图片

选中图片，按【Shift】键不放，鼠标拖动图片四个点中的任意一个点。

方法二：等比例中心缩放调整图片

选中图片，按快捷键【Ctrl+Shift】不放，鼠标拖动图片四个点中的任意一个点。

NO.351

一键更改图片

扫码看视频 >

从网上下载了PPT模板想套用，文字倒是简单复制粘贴就可以了，但是图片不好改，有没有简单快捷的方法一键借用现有的图片版式？

❶ 选中图片，单击鼠标右键选择"更改图片"；

❷ 选择"来自文件"/"自剪贴板"。

"来自文件"可从电脑中找图片替换；

"自剪贴板"适合图片已经在 PPT 中；

"自剪贴板"版本要 Office 2013 以上。

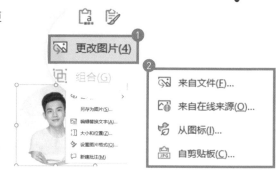

NO.352

调整图片亮度

扫码看视频 ≫

精美的图片与文字配合不但没有相得益彰反而互相干扰，影响了内容传达，如何在不更换图片的情况下，让内容不受背景图片干扰？

比如，右图图片太亮，明显干扰文字的阅读，在不改变图片的情况下，可以将图片本身的亮度调暗或添加半透明的色块来弱化图片本身对文字的干扰。下面看一下具体操作。

❶ 选中图片，单击菜单栏中的"图片格式"；

❷ 单击"校正"；

❸ 选择"亮度 / 对比度"样式。

　　系统自带多种不同亮度与对比度的样式，可根据具体情况来选择。

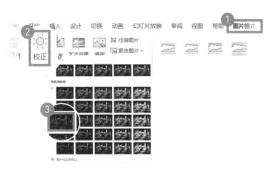

图片压暗后，不仅文字变得更清晰，而且在背景图片的衬托下，文案也变得更富有视觉表现力。

NO.353

应用图片样式

扫码看视频 >

年底想展示过往的团建照片，但怎么排版都觉得缺点味道，如何快速美化图片？

比如右图的图片排版，只是简单将图片进行堆积，摆放过于随意，显得缺乏设计感，但是受限于时间与个人能力等因素不知道怎么美化处理，这时可以考虑使用 PPT 自带的图片美化样式。下面看一下具体的操作。

❶ 选中图片，单击菜单栏中的"图片格式"。

❷ 单击"图片样式"。

　PPT 内置了很多现成的图片样式，可以根据具体效果进行选择。

❸ 单击"简单框架 – 白色"样式。

通过这样的步骤，能够快速套用 PPT自带的图片样式，一键美化图片！

NO.354

图片艺术效果

扫码看视频 ▶

领导给了一张图片，像素很差，想不用也不行。如何处理像素很低的图片？

比如右边图片，图片放大后明显觉得很模糊，有颗粒感，但是又不得不用。一种方案是将图片缩小但问题是视觉效果很一般，如果还是要放大图片，可以尝试将图片虚化，弱化图片本身的瑕疵。下面看一下具体的操作。

❶ 选中图片，单击菜单栏中的"图片格式"；

❷ 单击"艺术效果"；

❸ 单击"虚化"效果。

　　若默认的虚化效果不足，可以单击"艺术效果选项"将半径调大。

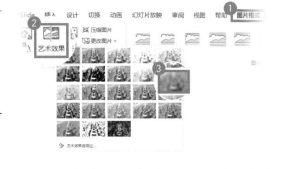

虚化处理后，能够最大程度弱化因像素太低导致的模糊与颗粒感。

有光的地方就有影子，在做 PPT 时也要遵从现实客观的原则，比如右边图片叠加缺乏阴影效果，整个页面就显得比较缺乏层次感。解决方案就是给图片添加阴影效果，具体操作如下。

秋叶系列课程

❶ 选中图片，单击鼠标右键，选择"设置图片格式"；

❷ 单击"阴影"；

❸ 在预设中选择"外部 – 居中"；

❹ 再调整具体的阴影参数。

　右图所示阴影参数仅供参考。

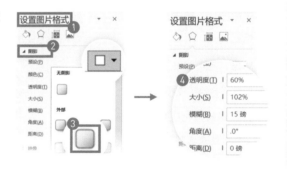

添加阴影效果后，能让图片叠加处的层次感更加明显。

秋叶系列课程

NO.356

设置图片发光效果

扫码看视频 >

在展示图片的时候，有时候需要模拟发光的效果来诠释主题的含义，如何让图片模拟发光效果呢？

如右边 PPT 想要表达秦老师像一位天使闪闪发光，但是幻灯片中的图片缺乏发光效果，感觉缺少了一些韵味。其实要模拟发光的效果，用 PPT 就可以实现，具体操作如下。

① 选中图片，单击鼠标右键，选择"设置图片格式"；

② 单击"发光"；

③ 单击"预设"选择发光的样式；

④ 修改发光的大小、颜色与透明度。

右图所示发光参数仅供参考。

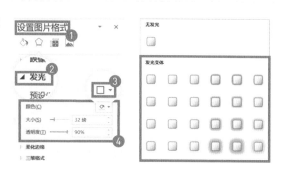

模拟了图片发光的效果之后，是不是更加贴合主题的要求了？

NO.357

设置图片柔化边缘

扫码看视频 >

有时候遇到比例不符的图片要插入PPT中，为了提升页面美感，经常会把图片裁剪放大，但是有时候碰到图片放大后会导致图片不完整，有没有其他解决方案？

如右图所示，放上原图画布两边留有空白，撑满画布导致图片不完整，解决方案是将两侧背景裁剪出来用柔化边缘来巧妙地过渡，具体操作如下。

– 原图效果 –　　– 撑满画布 –

❶ 用裁剪功能，裁剪出图片两侧空白区域；

❷ 按【Ctrl】键同时选中填补的两块图片；

❸ 单击鼠标右键，选择"设置图片格式"；

❹ 单击"柔化边缘"磅数为50磅（根据照片的情况选择合适的柔化程度）；

❺ 选中柔化边缘后的两张图片，按住【Ctrl+Shift】组合键放大至超出画布之外得到序号 ❻ 所示的效果。

进入播放状态看一下最终效果，会发现图片两侧的空白被填补了，而且图片之间的过渡非常自然，看不出痕迹。

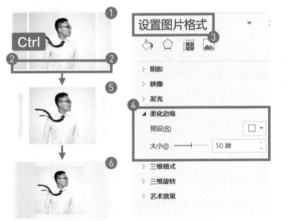

比如右边的 PPT 排版整整齐齐，但这
种页面看多了就会审美疲劳，觉得比
较平淡。这时可以尝试给整体图片添
加三维旋转的效果，让画面更有空间
感，具体操作如下。

❶ 选中图片，单击鼠标右键，选择"设
　置图片格式"；

❷ 单击"三维旋转"；

❸ 单击"预设"下拉菜单；

❹ 再选择"角度 – 透视：左"。

　右图所示三维旋转参数仅供参考。

设置三维旋转效果后，能够大大增加
页面的空间感和设计感！

NO.359
压缩图片大小

扫码看视频 >

PPT中经常要插入大量的图片素材，但每次做完发现PPT文件特别大，不方便文件的传输或播放时容易出现卡顿，能不能在保证清晰度的同时压缩图片大小？

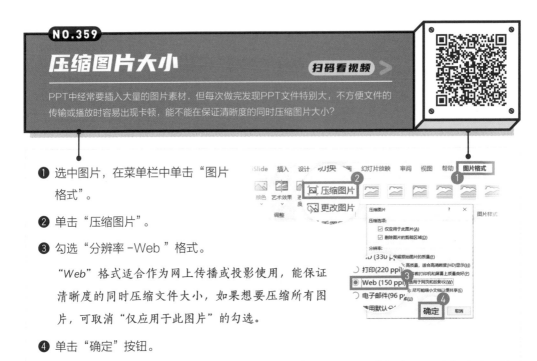

❶ 选中图片，在菜单栏中单击"图片格式"。

❷ 单击"压缩图片"。

❸ 勾选"分辨率－Web"格式。

"Web"格式适合作为网上传播或投影使用，能保证清晰度的同时压缩文件大小，如果想要压缩所有图片，可取消"仅应用于此图片"的勾选。

❹ 单击"确定"按钮。

NO.360
还原图片原有格式

扫码看视频 >

你有没有遇到过将图片进行了裁剪，然后想用回原图，可能还得再次单击裁剪调整边框将图片还原回来，有没有更加简单快捷的方法？

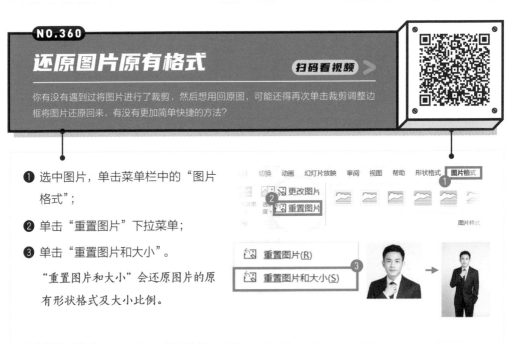

❶ 选中图片，单击菜单栏中的"图片格式"；

❷ 单击"重置图片"下拉菜单；

❸ 单击"重置图片和大小"。

"重置图片和大小"会还原图片的原有形状格式及大小比例。

NO.361

绘制水平线条

扫码看视频 ›

每次绘制线条的时候总是歪歪斜斜的，如何绘制一条水平的直线？

❶ 单击菜单栏中的 "插入"；

❷ 单击 "形状" 下拉菜单；

❸ 单击 "线条 – 直线"；

❹ 按住【Shift】键，用鼠标绘制线条。

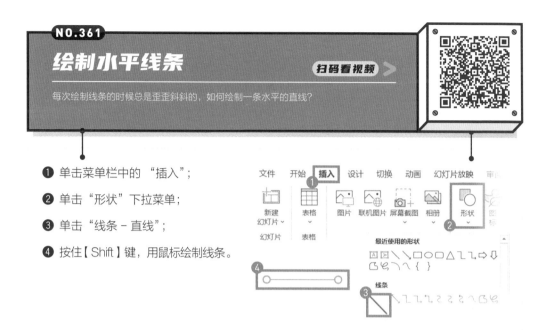

NO.362

绘制曲线

扫码看视频 ›

绘制时间轴时，经常需要插入一条线作为时间主轴，直线过于单调，曲线更有感觉。那么，如何才能绘制一条曲线？

❶ 单击菜单栏中的 "插入"；

❷ 单击 "形状" 下拉菜单；

❸ 单击 "线条 – 曲线"；

❹ 单击建立起始点，再次单击时可以
　上下移动调整曲线的弯曲角度，终
　止绘制双击即可。

NO.363

更改线条的参数

扫码看视频 >

默认插入的线条样式不符合自己的要求,如何修改线条的粗细、颜色、端点等参数?

❶ 绘制一根线条;

❷ 选中线条,单击鼠标右键,选择"设置形状格式";

❸ 在"形状选项"中找到"线条";

❹ 修改线条的具体参数。

   线条颜色、透明度、宽度、类型、起始端点,都可以在此处进行编辑。

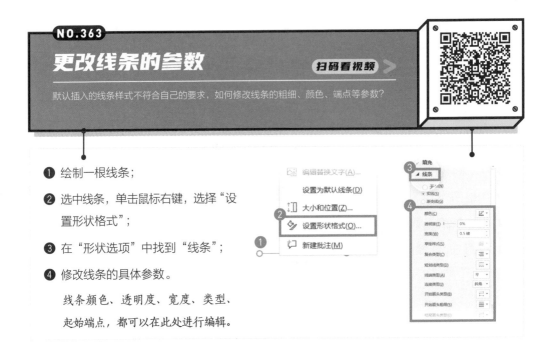

NO.364

设置默认线条

扫码看视频 >

每次插入线条后都需要一个个调整线条的参数,但大部分情况下参数都是一样的,有没有办法一次性设置好?

❶ 绘制一根线条并调整好想要的参数;

❷ 选中线条,单击鼠标右键,选择"设置默认线条"。

   设置完默认线条后,下次再插入线条时,会默认使用调整后的线条样式。

NO.365

绘制正方形

扫码看视频 ≫

想绘制一个正方形，但找遍形状菜单都没有找到正方形的形状选项，如何才能绘制出一个正方形？

❶ 单击菜单栏中的 "插入"；

❷ 单击 "形状" 下拉菜单；

❸ 在 "矩形" 选项中找到 "矩形形状"；

❹ 按住【Shift】键绘制形状即可。

NO.366

修改形状颜色与透明度

扫码看视频 ≫

我们经常会在PPT文章里面看到一个词叫蒙版，蒙版其实就是形状修改半透明度后得到的效果，那么如何给形状设置为黑色半透明蒙版？

❶ 任意绘制一个形状；

❷ 选中形状，单击鼠标右键，选择"设置形状格式"；

❸ 单击"填充 – 纯色填充"；

❹ 颜色选择黑色；

❺ 修改透明度（参数仅供参考）。

本案例为凸显半透明效果，在形状底部添加了图片，透过形状能看到图片。

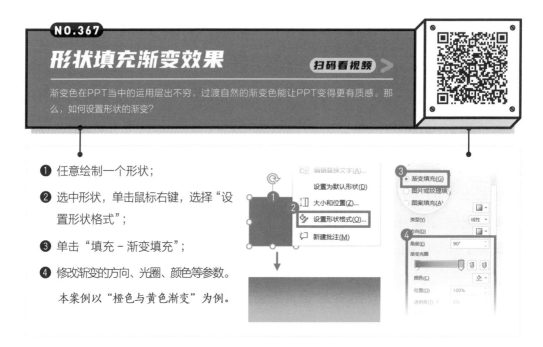

NO.367

形状填充渐变效果

扫码看视频 >

渐变色在PPT当中的运用层出不穷，过渡自然的渐变色能让PPT变得更有质感。那么，如何设置形状的渐变？

❶ 任意绘制一个形状；

❷ 选中形状，单击鼠标右键，选择"设置形状格式"；

❸ 单击"填充-渐变填充"；

❹ 修改渐变的方向、光圈、颜色等参数。

　本案例以"橙色与黄色渐变"为例。

NO.368

形状填充图案效果

扫码看视频 >

默认插入的形状样式不符合自己的要求，如何修改形状的颜色、透明度等参数？

❶ 任意绘制一个形状；

❷ 选中形状，单击鼠标右键，选择"设置形状格式"；

❸ 单击"填充-图案填充"；

❹ 选择图案填充的类型与颜色。

　"前景"是前方显示的颜色；

　"背景"是背景显示的颜色。

NO.369

设置默认形状

扫码看视频 >

每次插入形状后都需要一个个调整形状的参数，但大部分情况下参数都是一样的，有没有办法一次性设置好？

❶ 绘制形状并调整好想要的参数；

❷ 选中形状，单击鼠标右键，选择"设置为默认形状"。

设置完默认形状后，下次再插入形状时，会默认使用调整后的形状样式。

NO.370

编辑图形的顶点

扫码看视频 >

经常在网上看到一些PPT达人用PPT绘制特殊的图案，这些图案连基础形状都没有，到底是通过什么方法实现的？

❶ 选中形状，单击鼠标右键，选择"编辑顶点"；

❷ 单击小黑点可以调整两端的杠杆。

进入编辑顶点状态后，形状的每个角都会出现小黑点，单击小黑点会出现杠杆，可以任意调整形状。

NO.371

快速更改形状

扫码看视频 >

插入形状后，突然觉得之前插入的形状不合适，但是已经排好版了，重新插入形状又得编辑很多参数。能不能在原有基础上快速更改形状？

本案例以矩形更改为平行四边形为例。

❶ 选中矩形，在菜单栏中单击"形状格式"；

❷ 单击"编辑形状"下拉菜单；

❸ 单击"更改形状"；

❹ 在形状选项卡中选择"平行四边形"。

NO.372

合并形状功能

扫码看视频 >

经常会在网上看到一些PPT中没有的特殊的形状效果，如何借助PPT的功能来实现？

本案例以两个圆形为例。

❶ 选中圆形，在菜单栏中单击"形状格式"；

❷ 单击"合并形状"下拉菜单；

❸ 选择要执行的命令。

先选中的形状样式决定了最终的样式，本案例先选橙色圆形，后选灰色圆形，合并形状版本要求为 *Office 2013* 以上。

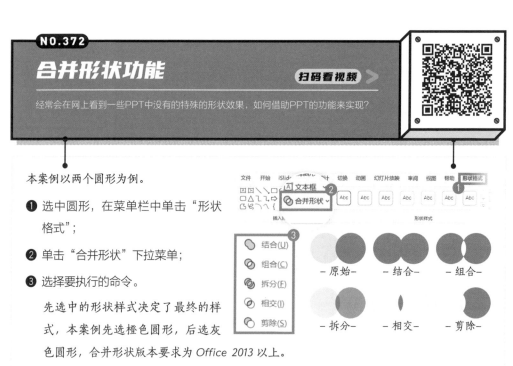

NO.373

插入竖排文本框

扫码看视频 ➤

插入文本框时通常都是横排的，但是在做历史相关的PPT时文字经常是竖排的，如何插入竖排的文本框？

❶ 单击菜单栏中的 "插入"；

❷ 单击 "形状"下拉菜单；

❸ 单击 "基本形状 – 竖排文本框"；

❹ 单击画布任意位置可输入文字。

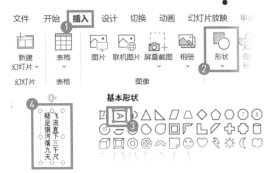

NO.374

横排文本变竖排

扫码看视频 ➤

刚才开始插入的文本框是横排的，想改成竖排，重新插入竖排文本框再输入文字比较麻烦，有没有什么方法能够直接把横排文本框变成竖排？

❶ 选中文本，单击菜单栏中的"开始"；

❷ 单击 "文字方向"下拉菜单；

❸ 选择 "竖排"；

❹ 得到竖排的效果。

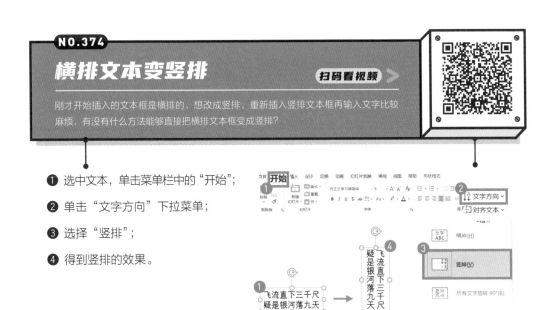

NO.375

一键替换字体

扫码看视频 >

职场人做PPT经常需要修改字体，比如把同事所做的PPT中的宋体改成微软雅黑，如果一个一个地改很浪费时间，有没有更简单的修改方法？

❶ 单击菜单栏中的"开始"；

❷ 单击"替换"下拉菜单；

❸ 单击"替换字体"；

❹ 选择替换与被替换字体，单击"替换"按钮。

"替换"处输入原字体；

"被替换"处输入最终想要的字体。

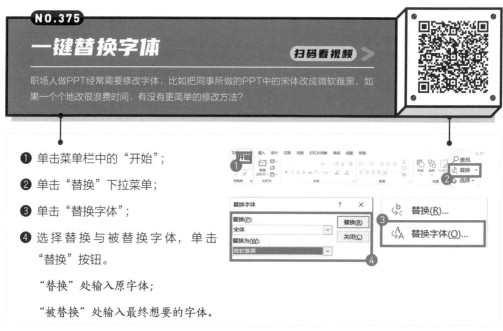

NO.376

设置默认文本框

扫码看视频 >

新插入文本时，每次都需要修改字体的字号、粗细、颜色等参数，虽然修改不难，但修改次数多就特别耗时间，能不能一次性设置完？

❶ 选中设置好参数的文本样式；

❷ 单击鼠标右键选择"设置为默认文本框"。

下次再插入文本框时会默认使用之前设置的文本框参数，无需反复修改。

NO.377

快速插入公式

扫码看视频 >

在PPT里面插入公式特别麻烦，折磨过很多老师，因为公式书写必须严谨，而严谨的公式不容易输入，有没有什么解决方案？

❶ 单击菜单栏中的"插入"；

❷ 单击"公式"下拉菜单；

❸ 单击想要插入的公式。

选择"墨迹公式"可以手写输入公式，系统会自动识别并生成相应的公式。

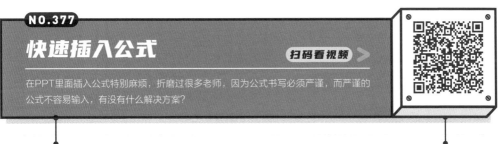

NO.378

快速生成假文字

扫码看视频 >

在做PPT模板时经常需要插入文本来示意内容放置的位置，找内容非常耗时间，有没有更好的解决方案？

在文本框中输入【=lorem()】，按回车键。

注意括号为英文格式的括号。

公式 =lorem(*)，其中 (*) 区间数字为 1~3，代表 1~3 段，当括号内不输入数字，直接回车时，默认生成 3 段假文字。

Lorem ipsum dolor sit amet, consectetuer adipiscing elit. Maecenas porttitor congue massa. Fusce posuere, magna sed pulvinar ultricies, purus lectus malesuada libero, sit amet commodo magna eros quis urna.

NO.379

快速套用现成样式

扫码看视频 >

小白经常会到网上下载高手制作的PPT模板，面对一些精美的效果，想要套用，但是看到大量的参数后经常下不了手，有没有什么方法能够快速套用？

❶ 选中特殊效果的文本；

❷ 单击菜单栏中的 "开始"；

❸ 单击 "格式刷"；

❹ 单击要复制的文本。

格式复制快捷键为【Ctrl+Shift+C】；

格式粘贴快捷键为【Ctrl+Shift+V】；

形状、图片等效果也可以使用格式刷。

NO.380

给文本添加阴影效果

扫码看视频 >

做PPT时，当文本颜色与背景颜色比较接近时，为了让文本更加突出，经常会给文本添加阴影效果，那么如何给文本添加阴影效果呢？

❶ 选中文本；

❷ 单击鼠标右键选择 "设置文字效果格式"；

❸ 单击 "阴影" 修改具体参数；

❹ 得到添加阴影后的文字效果。

NO.381

给文字添加发光效果

扫码看视频 ›

在一些特殊的场合需要用到特殊的文字效果，比如用PPT模拟霓虹灯的发光效果能够让场景感更加丰富，那么如何模拟霓虹灯的效果？

如右图所示，文字可以通过文字描边得到该效果，但是画面显得比单薄，想让画面显得更加逼真可以添加文字的发光效果，具体操作如下。

❶ 选中文本，单击鼠标右键，选择"设置文本效果"，单击"文本选项"；

❷ 单击"发光"–"预设"；

❸ 选择预设中的橙色发光效果；

❹ 修改发光的具体参数。

　　右图所示参数仅供参考。

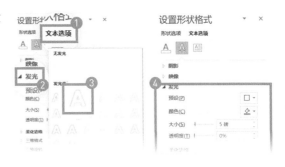

添加发光效果后，就能让文字带有霓虹灯灯牌的效果，如果想让文字更加逼真还可以多复制一层模拟光晕的效果，具体可见操作视频。

NO.382

给文字添加立体效果

扫码看视频 >>

在表达力量感的场合，通常可以结合文字的效果来展现，让文字变得更加立体，有金属质感，那么如何让文字变得更加立体？

如右图所示，虽然文本的效果已经做了非常精致的处理，但是文字缺乏金属的凹凸感，让页面缺失了些味道，其实可以使用 PPT 自带的三维功能让文字更有立体感，具体操作如下。

❶ 选中文本，单击鼠标右键选择"设置文本效果"，单击"文本选项"；

❷ 单击"三维格式"；

❸ 调整三维旋转参数：

顶部棱台选择"松散嵌入"；

底部棱台选择"松散嵌入"；

深度大小选择"4.5"。

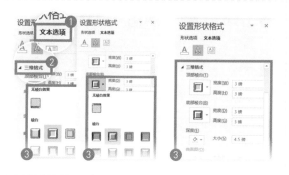

添加立体效果后，能够看到文字内部有明显的凹凸感，更加立体有质感，还可以添加阴影效果让文字层次更加明显，具体操作可见视频。

NO.383

给文字添加三维旋转效果

扫码看视频 >

当图片画面表现有一定趋势时，直接将文本添加在图片上面就会显得很生硬，如何将文字效果顺着图片的方向排布？

如右图所示，图片中的道路是有一定的方向与趋势的，直接将文本放在图片中会显得比较呆板，没有视觉冲击力，解决方案就是给图片添加三维旋转，让文字与图片走势相同，具体操作如下。

❶ 选中文本，单击鼠标右键选择"设置文本效果"，单击"文本选项"；

❷ 单击 "三维旋转"；

❸ 在预设中选择"角度 - 宽松"；

❹ 再调整具体的三维旋转参数。

右图所示参数仅供参考。

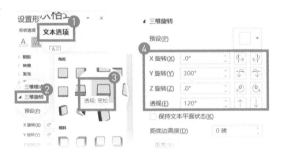

添加三维旋转效果后，文字与图片就能紧密融合，让画面更有设计感。

NO.384

清除文本所有格式

扫码看视频

领导发了份PPT要你修改，打开PPT发现里面文本加了各种花里胡哨的文字特效，挨个取消参数或重新输入文字都特别麻烦，有没有什么办法能快速去除？

❶ 选中文本，单击菜单栏中的"开始"；

❷ 单击"字体 - 清除所有格式"。

　　清除所选内容的所有格式，默认还原为主题字体设置的文本格式。

秋叶PPT → 秋叶PPT

－ 原始文本 －　　　　　　　　－ 清除格式文本 －

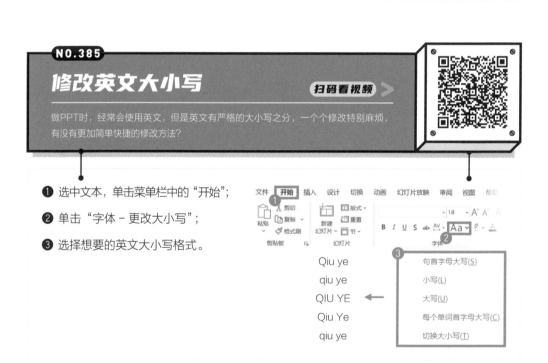

NO.385

修改英文大小写

扫码看视频

做PPT时，经常会使用英文，但是英文有严格的大小写之分，一个个修改特别麻烦，有没有更加简单快捷的修改方法？

❶ 选中文本，单击菜单栏中的"开始"；

❷ 单击"字体 - 更改大小写"；

❸ 选择想要的英文大小写格式。

Qiu ye　　　　　　　句首字母大写(S)

qiu ye　　　　　　　小写(L)

QIU YE ←　　　　　大写(U)

Qiu Ye　　　　　　　每个单词首字母大写(C)

qiu ye　　　　　　　切换大小写(T)

NO.386

调整文本字符间距

扫码看视频 ＞

做PPT时，觉得文本太过于紧密，如何调整同一行文字之间的字间距？

❶ 选中文本，单击菜单栏中的"开始"；

❷ 单击"字体 - 调整字符间距"；

❸ 选择想要修改的字符间距。

　　单击"其他间距"可自定义间距数

　　值：默认普通间距为 =1；

　　加宽间距数值则 > 1；

　　缩小间距数值则 < 1。

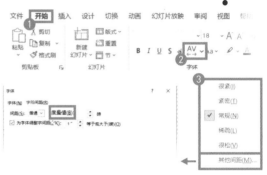

NO.387

调整数字上下标

扫码看视频 ＞

做PPT时，数字作为单位经常会在普通文本的上、下标注，如何才能设置数字的上下标？

❶ 选中文本，单击菜单栏中的"开始"；

❷ 单击"字体"下拉菜单；

❸ 在"效果"中选择上标或下标；

❹ 勾选后，单击"确定"按钮。

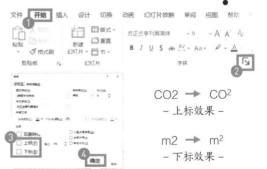

$CO2$ → CO^2

– 上标效果 –

$m2$ → m^2

– 下标效果 –

NO.388

创建项目符号列表

扫码看视频 >

在表示多个观点时，会在文本前面加小圆点加以区分，这些圆点是用形状画的吗？有没有更加简单的添加方法？

❶ 选中文本，单击菜单栏中的"开始"；

❷ 单击"段落 - 项目符号"下拉菜单；

❸ 选择想要的项目符号样式。

　　单击"项目符号和编号"可修改项目符号的大小和颜色，也可以插入图片自定义项目符号的样式。

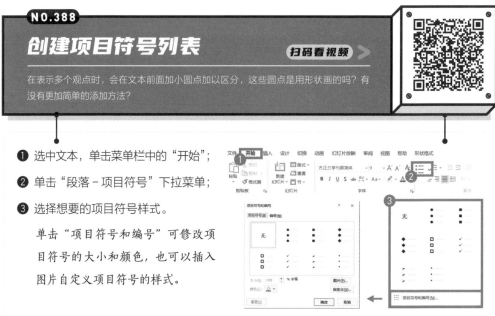

NO.389

创建编号列表

扫码看视频 >

一页PPT经常有多个观点，为了更加容易识别观点数量，会在内容前面加数字序号，手动输入很慢也不方便调整，能不能自动生成编号？

❶ 选中文本，单击菜单栏中的"开始"；

❷ 单击"段落 - 编号"下拉菜单；

❸ 选择想要的编号。

　　单击"项目符号和编号"可修改编号大小和颜色，也可编辑起始编号。

NO.390
调整文本列表级别

扫码看视频 >

做PPT时，为了区分标题和正文，通常会在正文前面空两格形成距离的对比，但如果按空格键不仅特别慢还容易对不齐，有没有更简单快捷的方法？

❶ 选中文本，单击菜单栏中的"开始"；

❷ 单击"段落 – 降低/提高列表级别"。

增加列表级别快捷键为【*Tab*】；

降低列表级别快捷组合键为【*Shift+ Tab*】。

秋叶团队业务模块
网课业务
训练营业务
定制培训业务
新媒体业务

– 默认文本层级 –

秋叶团队业务模块
网课业务
训练营业务
定制培训业务
新媒体业务

– 提高文本层级 –

NO.391
调整文本对齐方式

扫码看视频 >

插入文本框时，文本默认是左对齐，不符合自己的要求，如何修改文本的对齐方式？

❶ 选中文本，单击菜单栏中的"开始"；

❷ 在段落中单击想要修改的对齐方式。

特别提醒一点，"两端对齐"较适用于大段文字的排版，文字少看不出效果。

秋叶团队出品
值得信赖

– 左对齐 –

秋叶团队出品
值得信赖

– 居中对齐 –

秋叶团队出品
值得信赖

– 右对齐 –

秋叶团队出品
值得信赖

– 两端对齐 –

秋叶团队出品
值 得 信 赖

– 分散对齐 –

NO.392

调整文本行距

扫码看视频 >

PPT默认的行距比较小，尤其呈现大段文字时显得特别拥挤，如何修改文本行间距？

❶ 选中文本，在菜单栏中单击"开始"；

❷ 单击"段落 - 行距"下拉菜单；

❸ 选择想要修改的行距大小。

　　单击"行距选项"可自定义间距数值：默认行距为 1；

　　标题行距建议使用默认行距；

　　正文行距建议 1.3~1.5 倍行距。

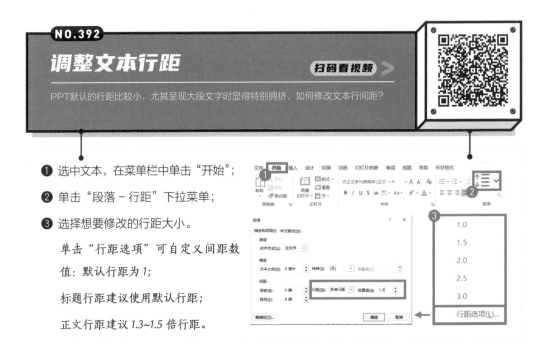

NO.393

调整文本段距

扫码看视频 >

在做PPT时，有时候敲一个回车键，文本段落之前间距特别的大或特别小，如何才能调整段落之间的间距？

❶ 选中文本，单击菜单栏中的"开始"；

❷ 单击"段落"扩展箭头；

❸ 在"间距"中调整段前和段后间距。

　　段前和段后模式都是一样的，只需修改其中一个数据即可。

NO.394

文本框溢出时缩排文字

扫码看视频 >

在文本框中输入文字时，有时候想保持文本框的大小不变，如果文字超过了文本框的大小会自动缩小文本的字号以达到排版不错乱，那应该如何设置？

❶ 选中文本，单击鼠标右键选择"设置形状格式"；

❷ 单击"文本选项"；

❸ 单击"文本框"；

❹ 勾选"溢出时缩排文字"。

　如果要文本框随文本内容多少来调整，可勾选"根据文字调整形状大小"。

NO.395

删除文本框四周边距

扫码看视频 >

做文本对齐时，经常发现文本框上下左右都有边距，而且有时候边距还不一样，导致文本总是对不齐，怎么办，如何才能将四周的边距删除？

❶ 选中文本，单击鼠标右键选择"设置形状格式"；

❷ 单击"文本选项"；

❸ 单击"文本框"；

❹ 将上下左右边距全部改成0。

　如果不想重复修改，可以在修改一次之后，将该文本框设置为默认文本框。

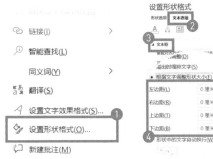

NO.396
设置艺术字样式

扫码看视频 >

在制作封面等文字较少的页面时经常会对文字进行特殊处理，但自己不会调，有没有现成直接套用的文字样式？

❶ 选中文本，单击"形状格式"；

❷ 单击"艺术字样式"下拉菜单；

❸ 选择想要修改的艺术字样式。

艺术字效果适用于文字较少的情况，
不适合大段文字的应用。

NO.397
设置文本转换效果

扫码看视频 >

在做圆形印章等效果时，文字经常是带有弧度的，如何做出带有弧度的文本效果？

❶ 选中文本，单击"形状格式"；

❷ 单击"文本效果"下拉菜单；

❸ 单击"转换"下拉菜单；

❹ 选择想要的文本的样式。

NO.398

批量添加Logo

扫码看视频 >

领导要求给PPT加Logo，上百页的PPT如果一页页复制粘贴得弄到什么时候！
有没有更省时省力的方法？其实Logo可以批量添加或删除！

❶ 单击菜单栏中的"视图"；

❷ 单击"幻灯片母版"进入母版
视图；

❸ 将 Logo 复制到"母版"指定
位置中；

❹ 关闭母版视图。

通过这样的步骤，即便你的 PPT
有上百页，都能够一键添加或删除
Logo！

NO.399

去除Logo底色

扫码看视频 >

从网上下载的Logo经常带有白底，放在PPT上很不协调。如何才能快速去除白底？

❶ 选中 Logo，单击菜单栏中的"图片格式"；

❷ 单击"颜色"下拉菜单；

❸ 单击"设置透明色"；

❹ 鼠标指针变成画笔后单击图片白色区域。

Logo 去除底色要求原始图片质量较高，否则容易出现白边。

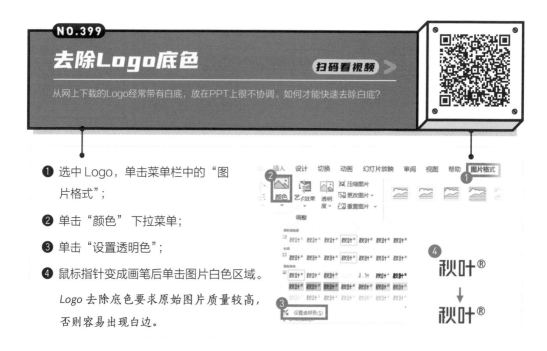

NO.400

Logo转白色

扫码看视频 >

Logo去掉底色后，遇到跟Logo颜色较为接近的底色会导致看不清。如何将Logo转成白色？

❶ 先将去底的 Logo 粘贴为图片；

❷ 选中 Logo，单击鼠标右键选择"设置图片格式"；

❸ 单击"图片"；

❹ 单击"图片校正"将亮度调为 100%。

通常我们从网上下载的模板未必跟公司 Logo 色调一致，比如右图模板的色调是蓝色调，但公司的 Logo 主色调是红色，因此为了让模板的颜色跟 Logo 的颜色保持统一，我们可以从 Logo 上面吸取颜色作为主色，具体操作如下。

❶ 选中形状，单击菜单栏中的"形状格式"；

❷ 单击"形状填充"下拉菜单；

❸ 单击"取色器"；

❹ 当鼠标指针变成吸管形状时移动到 Logo 中取色。

"取色器"功能要求软件版本在 *Office 2013* 版或以上。

工作中最常见的配色方案就是自家 Logo 色，有取色器就能一键取色了！

比如右图，文字很多，空白很少，还要求 Logo 要放大，再放大，我们经常会受限于思维惯性认为 Logo 只能放在空白的位置，其实把 Logo 变成半透明放在文字底部也是可以的，来看一下具体的操作步骤。

❶ 选中 Logo，单击菜单栏中的"图片格式"；

❷ 单击"透明度"功能；

❸ 根据具体效果选择透明程度。

　　"透明度"功能要求软件版本为 Office 2019 或 Office 365，而且调完透明度最好保存为图片，避免低版本播放时无法显示透明效果。

其实，如果打破思维惯性，将 Logo 半透明化，把文字放在 Logo 上面，就能解决 Logo 不够大的问题了！

NO.403

插入小图标

扫码看视频 >

在表达一些抽象的概念时，我们通常会借助小图标来做视觉化的传达，但是，哪里可以找到小图标？

❶ 在菜单栏中单击"插入"；

❷ 单击"图标"；

❸ 弹出对话框后，选择要插入的图标。

"图标"软件版本要求为 Office 2019 或 Office 365，插入 PPT 的图标都是矢量的，可任意放大不模糊，可修改颜色。

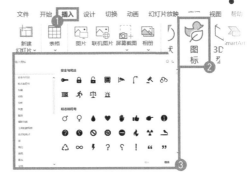

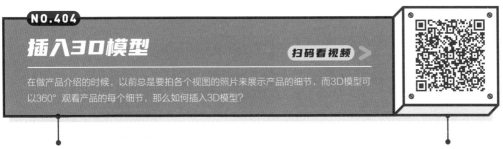

NO.404

插入3D模型

扫码看视频 >

在做产品介绍的时候，以前总是要拍各个视图的照片来展示产品的细节，而3D模型可以360°观看产品的每个细节，那么如何插入3D模型？

❶ 单击菜单栏中的 "插入"；

❷ 单击"3D 模型"下拉菜单；

❸ 单击"从文件"或"从在线来源"。

"3D 模型"版本要求为 Office 365，"在线来源"有很多现成的模型可供自由下载、编辑使用。

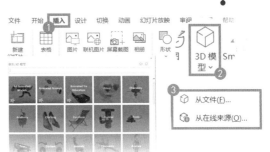

❶ 单击菜单栏中的"插入"。

❷ 单击"SmartArt"。

❸ 弹出对话框后，按逻辑关系选择图
形，以"列表–基本列表"图形为例。

*SmartArt 按逻辑关系分类共有 185
种图示关系，因版本不同，图形略
有变化，本书以 Office 365 版为准。*

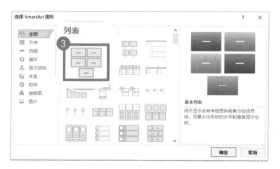

❹ 插入图形后可以直接输入文字。

图片左侧为"文本窗格"，可以直接输
入相关的文字，方便批量输入内容。

使用 *SmartArt* 图形时要注意根据内
容的逻辑关系进行选择，否则易产
生误解。

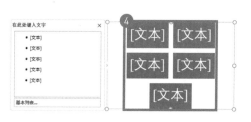

按【Enter】键可以新增形状个数；
按【Backspace】键可以删除形状个数。

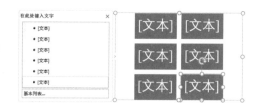

NO.406

文本转SmartArt

扫码看视频 >

大部分人都是先单击插入一个所需的SmartArt图形，然后再复制文本进去。其实，文本是可以直接转SmartArt的！

❶ 按住【Ctrl】键，选中正文；

❷ 选中后，按【Tab】键，调整层级；

❸ 直接在文本框内部，单击鼠标右键选择【转换为 SmartArt】；

❹ 选择与文本逻辑层级相对应的样式。

本案例以"垂直项目符号列表"为例。

通过这样的步骤，一步就将文本转换成 SmartArt 图形，搞定排版！

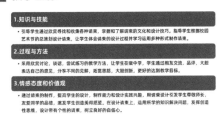

NO.407

修改SmartArt形状

扫码看视频 >>

如果对SmartArt图形默认的形状不满意，怎么办呢？如何修改SmartArt图形的形状？

❶ 按住【Ctrl】键，连续选中SmartArt
形状。

　当图形四周出现圆点则表示被选中。

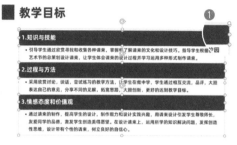

❷ 选中形状后，单击鼠标右键选择"更
改形状"。

❸ 选择自己喜欢的形状。

　本案例以"箭头总汇 - 五边形"
为例。

PPT自带上百种形状，可以自行尝试并
选择自己较为满意的形状样式。

NO.408

修改SmartArt样式

扫码看视频 >

如果对所选的SmartArt样式不满意，怎么办呢？如何修改SmartArt图形的样式？

❶ 单击选中整个 SmartArt 图形。

当 SmartArt 图形四周出现白色小圆点则表示已被选中。

❷ 单击菜单栏中的"SmartArt设计"。

❸ 单击"版式"下拉菜单。

❹ 选择自己喜欢的 SmartArt 样式。

本案例以"梯形列表"为例，单击"其他布局"可显示所有图形。

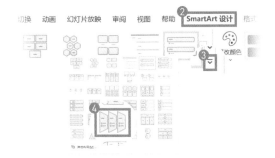

SmartArt 智能之处在于，无论样式怎么换，都能够帮你自动完成排版，而且文字都不会超出色块范围！

NO.409

SmartArt转文本

扫码看视频 >

文本变成SmartArt后，领导觉得不满意，要变回文本模式，怎么办？如何将SmartArt
图形转换成文本？

❶ 单击选中整个 SmartArt 图形。

　当 SmartArt 图形四周出现白色小
　圆点则表示已被选中。

❷ 单击菜单栏中的"SmartArt设计"。

❸ 单击"转换"下拉菜单。

❹ 单击"转换为文本"。

　"转换为文本"即将 SmartArt 图形
　变回文本初始状态，不保留形状。

　"转换为形状"即把 SmartArt 图形
　变成普通的可编辑形状和文本。

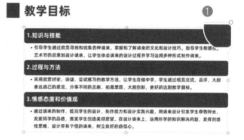

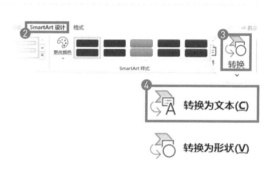

– 转换为文本 –

– 转换为形状 –

❶ 按【Tab】键，调整文本层级。

调整完的效果如右图所示。

❷ 在文本框内部，单击鼠标右键选择【转换为 SmartArt】。

❸ 单击选择"组织构架图"。

利用 SmartArt 功能，一键就能够生成组织构架图，再也不需要一个形状一个形状的拼凑，即便后期需要调整也能够快速添加或删除，大大提升效率！

❶ 按住【Ctrl】键连续选中两位副总。

　当图形四周出现圆点则表示被选中。

■ **公司组织构架**

❷ 单击菜单栏中的"SmartArt设计"。

❸ 单击"布局"下拉菜单。

❹ 单击选择"标准"。

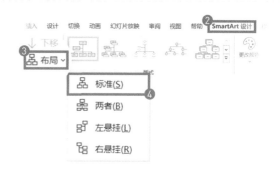

通过修改布局方式，可以调整组织构
架图形状的悬挂方式。

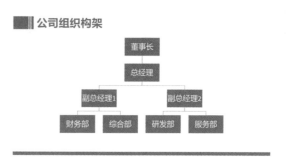

■ **公司组织构架**

NO.412

一键搞定多图排版

扫码看视频 >

做团队介绍时，经常要对多张图片进行排版，手动调整大小、对齐特别麻烦。有没有更简单快捷的方法？其实利用SmartArt可一键搞定多图排版！

❶ 插入图片，并将图片全部框选中。

当图片四周出现圆点则表示被选中。

❷ 单击菜单栏中的"图片格式"。

❸ 单击"图片版式"下拉菜单。

❹ 选择自己喜欢的版式。

本案例以"题注图片"版式为例。

❺ 输入相应的文字说明。

通过这个方法，就能够搞定团队介绍、部门介绍等任何多图排版的场景需求！

需要注意，图片转 SmartArt 后无法还原图片最初的模式，只能重新插入。

NO.413

修改图片的顺序

扫码看视频 >>

一键多图排版，系统自动生成的图片顺序跟预期的不符合，怎么办？如何修改SmartArt图片的顺序？

❶ 将需要调整的图片单独选中。

当图形四周出现圆点则表示被选中。

❷ 单击菜单栏中的"SmartArt 设计"。

❸ 选择"上移 / 下移"调整顺序。

其他图片需要调整顺序，同理。

通过这种方法，就能够根据自身需求任意调整图片顺序了，特别提醒一点，在职场中给领导做团队介绍时，一定要注意将领导的头像放到 C 位，这是职场生存的基本准则。

NO.414

插入表格

扫码看视频 〉

在PPT中呈现数据时经常需要用到表格，而很多人都是一个个插入形状拼凑的，不仅效率低而且不方便编辑，那么在哪里可以插入表格？

❶ 单击菜单栏中的 "插入"；

❷ 单击 "表格" 下拉菜单；

❸ 选择表格的行数和列数。

　　本案例以 "4×4" 表格为例。

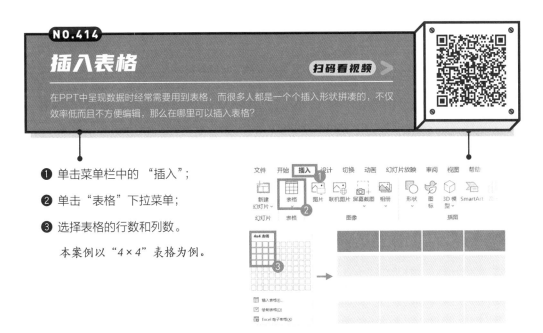

NO.415

修改表格标题行

扫码看视频 〉

默认表格会自动勾选标题行，导致第一行的表格线框粗细和字号颜色都与其他表格不一样，但有时候是不需要标题行的，如何才能取消标题行？

❶ 选中表格，单击菜单栏中的 "表设计"；

❷ 取消勾选 "标题行"。

　　需要时再次勾选 "标题行"；

　　汇总数据时可勾选 "汇总行"。

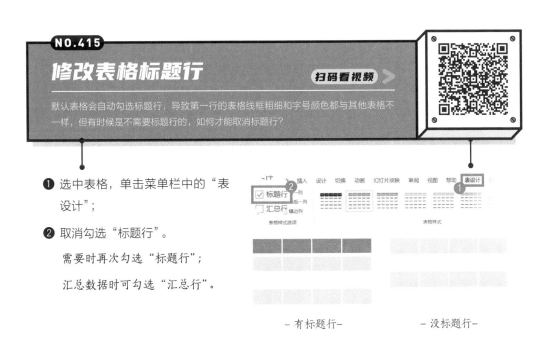

　　　　– 有标题行–　　　　　　– 没标题行–

NO.416

修改表格填充色

扫码看视频 >

插入表格后，发现默认的表格颜色不符合自己的要求，如何修改表格单元格的颜色？

❶ 选中想要修改的表格，单击菜单栏
中的"表设计"。

> 如果是统一修改为某个颜色可以全选；
>
> 如果是修改局部颜色只选择指定表格。

❷ 单击"填充"下拉菜单。

❸ 选择要修改的颜色。

> 本案例以全部改成灰色为例。

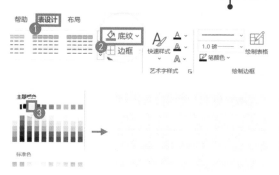

NO.417

修改表格边框线

扫码看视频 >

插入表格后，发现默认的表格边框线不符合自己的要求，如何修改表格线框的粗细、
颜色等参数？

❶ 选中表格，单击菜单栏中的"表设计"；

❷ 先选择边框线的磅数、颜色等参数；

❸ 单击"边框"下拉菜单；

❹ 单击想要修改的边框线选项。

> 将所有框线宽度改为1磅，深灰色。

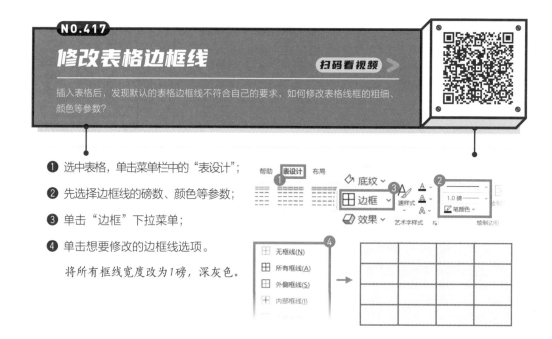

NO.418

一键美化表格样式

扫码看视频 >

对默认插入的表格样式不满意，又没有太多的时间精心雕琢，怎么办？
有没有快速美化表格的方法？

① 选中表格，单击菜单栏中的"表设计"；

② 单击"表格样式"下拉菜单；

③ 选择自己满意的表格样式。

PPT 表格自带很多效果还不错的样式，可以根据自己的需求进行选择。

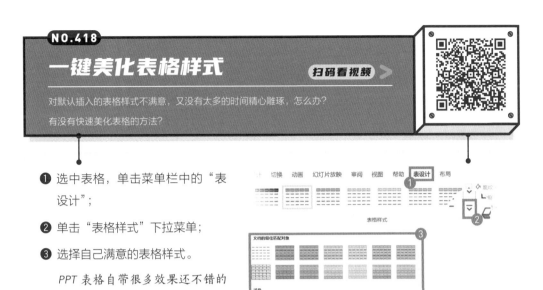

NO.419

一键清除表格样式

扫码看视频 >

帮领导修改PPT时，里面的表格被设置了各种花里胡哨的效果，挨个取消效果或重新插入都很麻烦，有没有什么方法能够让表格立马变清爽？

① 选中表格，单击菜单栏中的"表设计"；

② 单击"表格样式"下拉菜单；

③ 单击"清除表格"。

清除表格会将所有格式去除，只保留带黑色框线的表格，文本格式会恢复为最原始的样式。

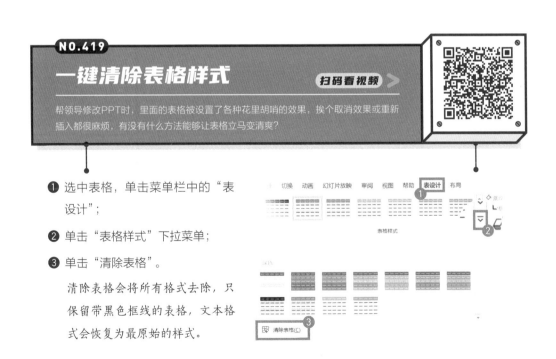

NO.420

新增表格行和列

扫码看视频 >

插入表格后，发现行数或列数不够用，如何在已有的基础上新增表格行数或列数？

❶ 选中表格，单击菜单栏中的"布局"；

❷ 单击"行和列"中的选项插入新的表格。

要在特定行添加表格时，要单独选中那排表格，比如想在右边第三列下方添加表格，要先选中第三列再单击"在下方插入"。

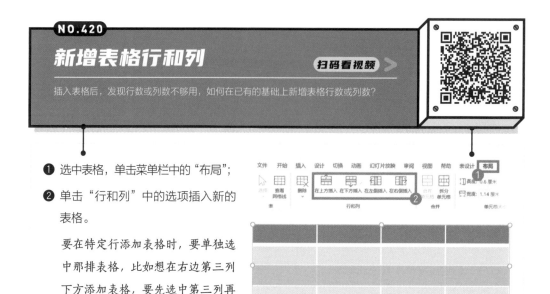

NO.421

修改整个表格的大小

扫码看视频 >

插入表格时，表格的大小是默认的，不符合我们的要求，能不能自由控制整个表格的高度和宽度？

❶ 选中表格，单击菜单栏中的"布局"；

❷ 在"单元格大小"中输入宽高数值。

本案例以1cm×1cm的正方形表格为例。

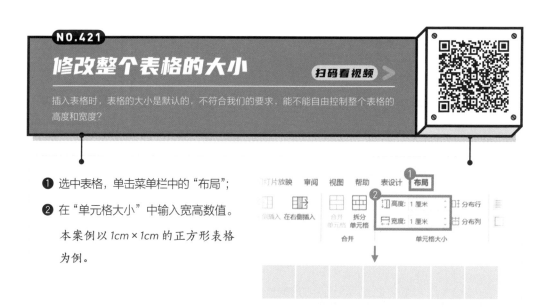

NO.422

合并单元格

扫码看视频 >

使用表格时，经常会遇到一个数据由多个数据组成，为了让其看起来更像一个组，经常需要将空白的单元格进行合并，那么该如何合并单元格呢？

❶ 选中要合并的表格；

❷ 单击菜单栏中的"布局"；

❸ 单击"合并单元格"。

　　本案例以合并四个单元格为例。

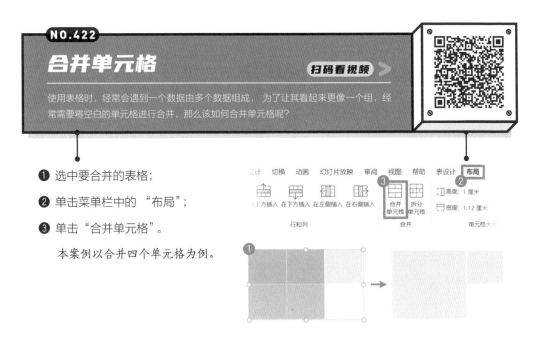

NO.423

拆分单元格

扫码看视频 >

使用表格时，经常需要将一个表格拆分为若干个表格，如何拆分单元格？

❶ 选中要拆分的表格；

❷ 单击菜单栏中的"布局"；

❸ 单击"拆分单元格"；

❹ 输入要拆分的行数与列数。

　　本案例以将两个单元格分别拆分为2列与1行为例。

NO.424

统一表格单元格大小

扫码看视频 >

表格单元格大小不一致，很多人都是直接拖动框线来调整，来回移动半天，发现更不一致了，有没有简单快捷的方法能够统一单元格大小？

❶ 选中整个表格；

❷ 单击菜单栏中的"布局"；

❸ 单击"分布行"与"分布列"。

"分布行"则每行单元格大小一致；

"分布列"则每列单元格大小一致。

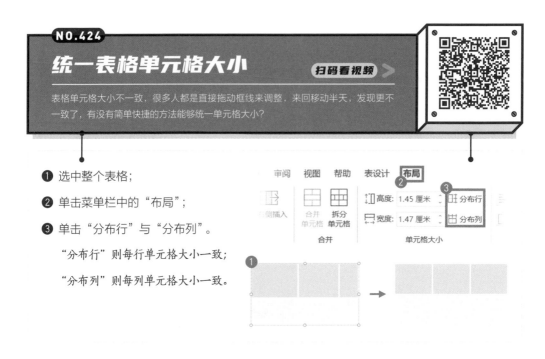

NO.425

修改表格内容对齐

扫码看视频 >

在表格中输入内容时，默认都是靠左上对齐的，内容较少时就显得不对称，如何才能修改表格内容的对齐方式？

❶ 选中整个表格；

❷ 单击菜单栏中的 "布局"；

❸ 选择想要的对齐方式。

本案例以水平居中与垂直居中为例。

NO.426

表格填充图片

扫码看视频 >

表格在高手看来是一个非常好用的排版工具，经常会将图片填充到表格做出有创意的排版，那么如何将图片填充到整个表格中？

❶ 插入与图片等大的表格。

本案例以 3×3 表格为例。

– 原图效果 –　　　　– 跟图片等大的表格 –

❷ 按快捷键【Ctrl+X】剪切图片。

❸ 框选表格，单击鼠标右键选择"设置形状格式"。

合并单元格(M)

拆分单元格(E)...

选择表格(T)

设置形状格式(O)...

新建批注(M)

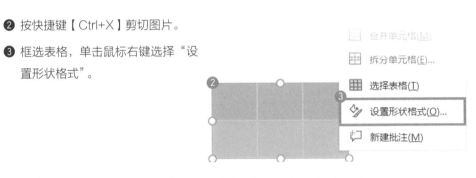

❹ 单击"填充 – 图片或纹理填充"。

❺ 单击"图片源 – 剪贴板"。

❻ 勾选"将图片平铺为纹理"。

注意表格必须与图片等大，否则会导致图片出现重叠效果，若想只对单独的单元格填充图片，只需框选单个表格单元格执行上述操作即可。

设置形状格式

形状选项　文本选项

▲ 填充

无填充(N)

纯色填充(S)

渐变填充(G)

● 图片或纹理填充(P)

图案填充(A)

图片源

插入(R)...　剪贴板(C)

纹理(U)

透明度(T)　0%

✓ 将图片平铺为纹理(I)

偏移量 X(O)　0 磅

NO.427

插入单个图表

扫码看视频 >

在做数据分析时，经常都少不了用到图表，那么，在PPT中如何插入图表？

❶ 单击菜单栏中的 "插入"；

❷ 单击 "图表"；

❸ 弹出对话框，选择要插入的图表类型。

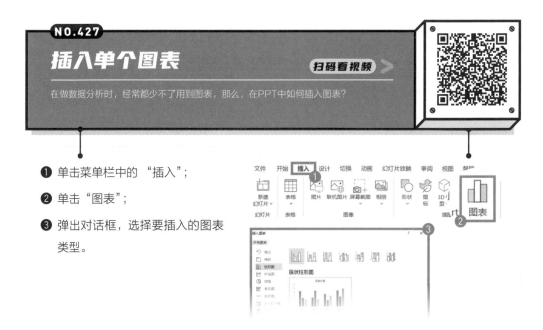

NO.428

插入组合图表

扫码看视频 >

职场中用PPT汇报数据情况时，往往都会比较复杂，经常会用到多个图表的组合，那么，如何才能在PPT中插入组合的图表？

❶ 单击菜单栏中的 "插入"；

❷ 单击 "图表"；

❸ 单击 "组合图"；

❹ 选择想要的组合图表类型；

❺ 单击 "确定" 按钮。

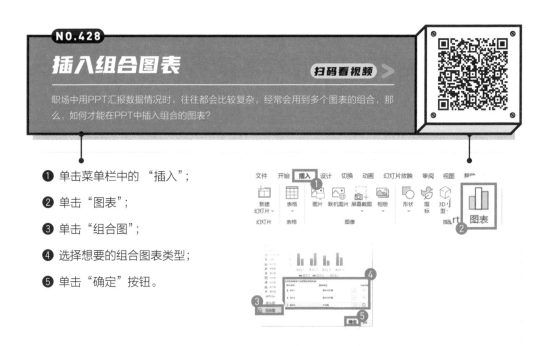

NO.429

编辑图表数据

扫码看视频 >

默认插入的图表通常都会有几列数据，列数太多时很多人都是一个个删除数据，特别的麻烦，能不能快速让不用的数据不显示？

❶ 插入图表后会弹出数据编辑框。

　本案例以"柱状图"为例。

❷ 移动左下角蓝色点，框选数据；

　图表只会呈现被蓝色框选的数据，

　所以无需删除不用的数据。

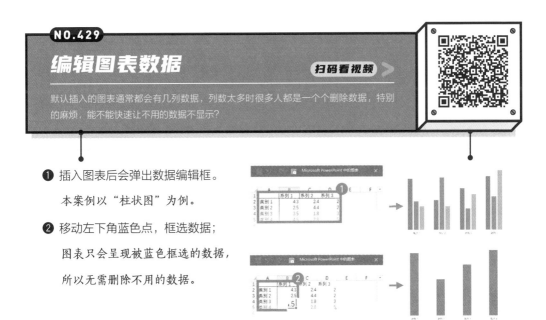

NO.430

删除或添加图表元素

扫码看视频 >

图表的四周经常会有很多标题、网格线、坐标轴、数据标签等元素，如何根据自己的需求添加或删除这些元素？

❶ 选中图表，单击右上角的"+"；

❷ 选择要添加或删除的元素。

　删除元素时可以选中想要删除的元素，按快捷键【Delete】可以快速删除。

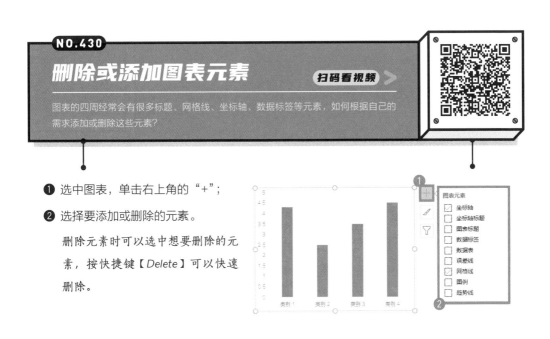

NO.431

修改图表的颜色

扫码看视频 >

不喜欢默认插入的图表颜色，但是很多人不知道怎么改颜色，或者有人只想给个别图表改颜色，每次一改全都改了，如何自由地给图表修改颜色？

❶ 选中要修改颜色的图表。

　　单击图表形状一次可以全部选中，

　　双击单个图表形状可以单独选中，

　　选中的标识就是四周会有小蓝点。

❷ 在菜单栏中单击"格式"。

❸ 单击"形状填充"。

❹ 勾选要修改的颜色。

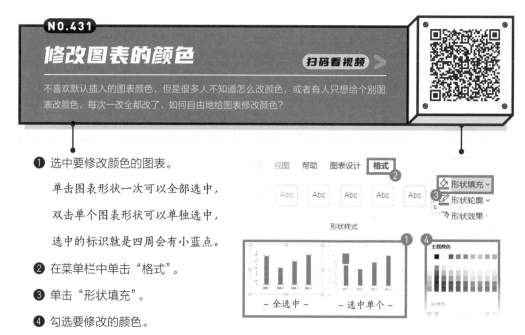

NO.432

修改图表的间距

扫码看视频 >

默认插入的图表之间的间距有时候太小，显得特别拥挤；有时候太大，显得特别宽。如何自由修改图表的间距？

❶ 选中图表，单击鼠标右键选择"设置数据系列格式"；

❷ 单击"系列格式"；

❸ 调整"系列重叠"的大小。

　　系列重叠越大，则图表间距越大；

　　系列重叠越小，则图表间距越小。

NO.433

修改图表的宽度

扫码看视频 >

默认插入的图表有人觉得很细，有人觉得很粗，每次只能拖动图表调整形状的大小，但很难达到自己的要求，如何修改图表的宽度？

❶ 选中图表，单击鼠标右键选择"设置数据系列格式"；

❷ 单击"系列格式"；

❸ 调整"间隙宽度"的大小。

　宽度越大，则图表越细；

　宽度越小，则图表越粗。

NO.434

修改坐标轴的边界值

扫码看视频 >

以柱状图为例，默认插入的柱状图起始值是0，但当数据差异比较小时，图表之间对比就不够明晰，如何才能修改坐标轴的最小和最大值？

❶ 选中坐标轴，单击鼠标右键选择"设置坐标轴格式"；

❷ 单击"坐标轴选项"；

❸ 修改边界中的最小值和最大值。

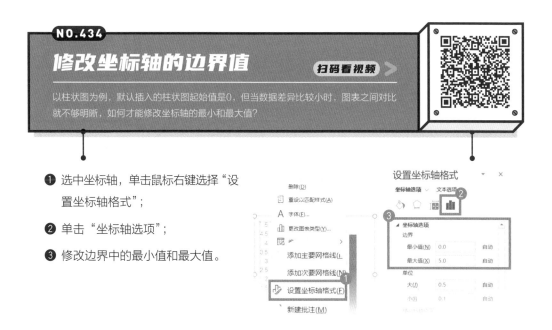

NO.435

修改坐标轴的单位

扫码看视频 >

默认插入的图表，坐标轴的单位会根据数据的大小自动生成，未必符合自己的要求，如何修改坐标轴的单位？

❶ 选中坐标轴，单击鼠标右键选择"设置坐标轴格式"；

❷ 单击"坐标轴选项"；

❸ 修改单位中的大小值。

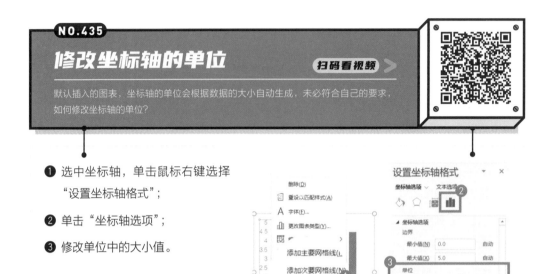

NO.436

更改图表的形状

扫码看视频 >

以柱状图为例，默认的柱状图都是矩形显得没有什么新意，能不能修改图表本身的形状，增强设计感？

❶ 绘制三角形并按快捷组合键【Crtl+C】复制；

❷ 选中整个图表；

❸ 按快捷组合键【Crtl+V】进行粘贴。

通过复制粘贴的形式可以更换图表的形状，但是更改完形状无法直接编辑修改颜色，需重新绘制形状更换颜色后，再粘贴到图表中。

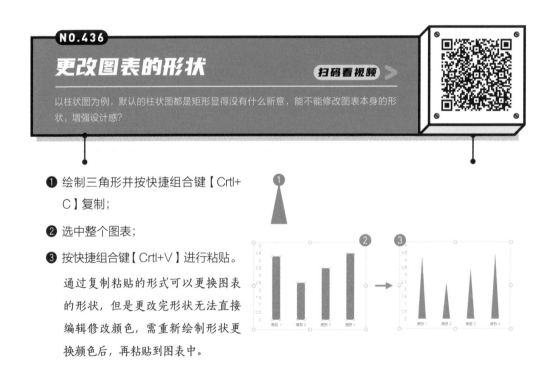

NO.437

制作创意图表

扫码看视频 >

使用图表时通常目的只有一个，就是可视化，如果能够将图表的形状与内容相结合，视觉化效果就会强很多，那么有没有什么方法能够制作创意图表？

比如，右图想表达各个地区产品销售额，单纯用柱状图表示感觉缺少内容可视化。这种情况下，可以找跟内容相关的图形，比如金币图片，粘贴到图表中，从而做出创意的图表，具体操作如下。

❶ 选中图表，单击鼠标右键选择"设置数据格式"；

❷ 单击"填充 – 图片或纹理填充"；

❸ 单击"图片源 – 插入"；

❹ 单击"来自文件"；

❺ 选择相应的图片，单击"插入"；

❻ 在填充中单击"层叠"。

通过这种方法，可以让普普通通的图表变得创意十足！

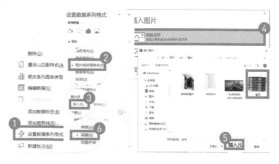

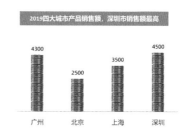

NO.438

折线图直线变曲线

扫码看视频 >

默认插入的折线图都是直线形成的，显得比较生硬呆板，如何让线条显得更加流畅，把直线变成曲线？

❶ 选中图表，单击鼠标右键选择"设置数据系列格式"；

❷ 单击"系列选项 – 线条"；

❸ 勾选"平滑线"。

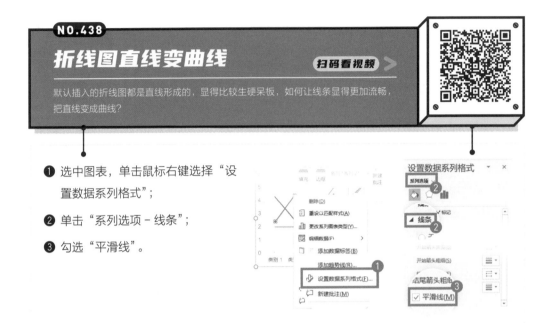

NO.439

修改折线图标记点

扫码看视频 >

默认插入的折线图数据节点不够明晰，经常会容易忽视，如何修改图表的标记点形状、颜色、大小等参数？

❶ 选中图表，单击鼠标右键选择"设置数据系列格式"；

❷ 单击"系列选项 – 标记"；

❸ 单击"标记选项 – 内置"；

❹ 修改标记点的形状和大小。

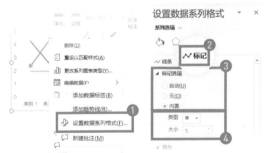

NO.440

给对象添加动画效果

扫码看视频 >

有时候为了配合演讲，不希望所有内容全部同步出现，又或者是想对重点内容进行强调，经常需要动画的辅助，那么，如何给对象添加动画？

❶ 选中对象，单击菜单栏中的"动画"；

❷ 单击"动画"下拉菜单；

❸ 选择要添加的动画效果。

   Office 版本不同，动画窗格与数量也会不同，本案例以 *Office 365* 为准。

NO.441

同一对象添加多个动画

扫码看视频 >

你有没有遇到过给一个对象添加动画的时候，只能添加一个动画，想添加第二个时第一个动画被取代了，那么，如何给同一对象添加多个动画？

❶ 选中元素，单击菜单栏中的"动画"；

❷ 单击"添加动画"下拉菜单；

❸ 为元素添加动画效果，每次添加一个。

   如果是在普通界面上添加动画只能添加单个动画，要添加多个动画时，要通过"添加动画"的命令来添加。

NO.442

修改已添加的动画

扫码看视频 >

给元素添加完动画之后，发现效果不太合适，怎样才能看到目前添加了什么动画，如何才能修改已添加的动画？

❶ 单击菜单栏中的 "动画"。

❷ 单击 "动画窗格"。

❸ "动画窗格" 会出现在 PPT 右侧。

能看到已添加的动画，还可以在此调整动画顺序、动画播放方式等。

❹ 选中要修改的动画，重新选择动画。

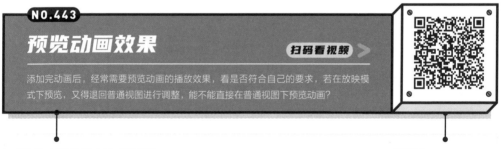

NO.443

预览动画效果

扫码看视频 >

添加完动画后，经常需要预览动画的播放效果，看是否符合自己的要求，若在放映模式下预览，又得退回普通视图进行调整，能不能直接在普通视图下预览动画？

❶ 单击菜单栏中的 "动画"；

❷ 单击 "预览"。

预览时会默认从第一个动画开始播放，单击 "预览" 下拉菜单还可以看到 "自动预览" 命令，用途是你添加动画后会播放相应的效果，建议勾选。

NO.444

调整动画出现方向

扫码看视频 >

每个动画添加时都有默认的出现方向，跟自己预期的不符合，怎么办？如何才能调整动画的出现方向？

❶ 选中元素，单击菜单栏中的"动画"；

❷ 单击"效果选项"下拉菜单；

❸ 选择动画出现的方向。

  不同动画能够出现的路径是不一样的，本案例以"擦除"动画为例。

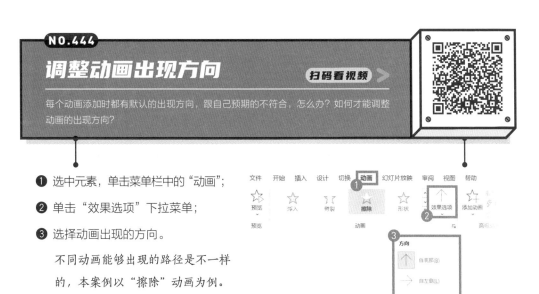

NO.445

设置动画出现序列

扫码看视频 >

一个文本框内有多段文本，但是添加动画时，经常默认的都是所有文本一起出现，能不能设置为一行行出现？

❶ 选中元素，单击菜单栏中的"动画"；

❷ 单击"效果选项"下拉菜单；

❸ 单击"按段落"。

  给文本或图表等元素添加动画时，才能够添加动画出现的序列。

NO.446

设置动画播放方式

扫码看视频 >

为了配合演讲者的演讲，有些动画希望一次性出现完，有些动画希望单击一次出现一个动画，如何设置动画播放的方式？

❶ 单击菜单栏中的 "动画"；

❷ 单击 "动画窗格"；

❸ 选中动画，单击鼠标右键，调整播放方式。

　"单击开始"表示单击一次出现一个；

　"从上一项开始"表示同时触发；

　"从上一项之后开始"表示播放完上一个动画，无需点击播放下一个动画。

NO.447

调整动画时间轴长短

扫码看视频 >

我们经常会通过调整动画的时间轴来控制动画出现的时间或者动画的先后顺序，但是时间轴特别的短，调起来非常困难，如何修改动画时间轴的长短？

❶ 单击 PPT 菜单栏 "动画"；

❷ 单击 "动画窗格"；

❸ 单击 "秒 - 放大"；

❹ 根据时间轴长短控制放大缩小范围。

① 选中元素，单击菜单栏中的"动画"；

② 修改"计时 - 持续时间"的时长。

不同动画默认的持续时间不相同

持续时间可以根据具体情况而定

本案例以"擦除"动画为例。

本案例以"出现 + 放大动画"为例。

① 给元素添加"出现 + 放大"动画，
  播放顺序设置为上一个动画之后；

② 选中"放大动画"；

③ 在菜单中单击"动画"；

④ 将"延迟时长"修改为 3 秒。

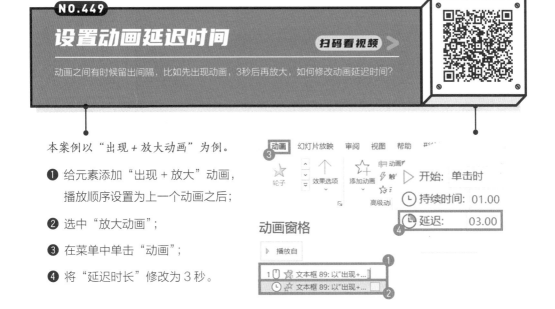

NO.450

批量复制动画

扫码看视频 >

在给元素添加动画时，有些元素的动画是相同的，每次都得重新设置各种参数，特别麻烦，有没有什么方法能够快速将动画复制给其他元素？

❶ 选中要复制动画的元素；

❷ 在菜单栏中单击"动画"；

❸ 单击"高级动画 – 动画刷"；

❹ 指针变成刷子，单击被添加动画元素。

　鼠标单击动画刷，可以复制一次；

　鼠标双击动画刷，可以批量复制。

　按【Esc】键可退出动画刷模式。

NO.451

批量删除动画

扫码看视频 >

给PPT添加了很多动画效果，结果临时通知汇报时间缩短了一半，再播放动画时可能会超时，一个个删又很麻烦，如何批量删除动画？

❶ 单击菜单栏中的 "幻灯片放映"；

❷ 单击"设置幻灯片放映"；

❸ 勾选"放映时不加动画"；

❹ 单击"确定"按钮。

　设置完后播放时不会出现动画效果，
　下次要使用动画取消勾选即可。

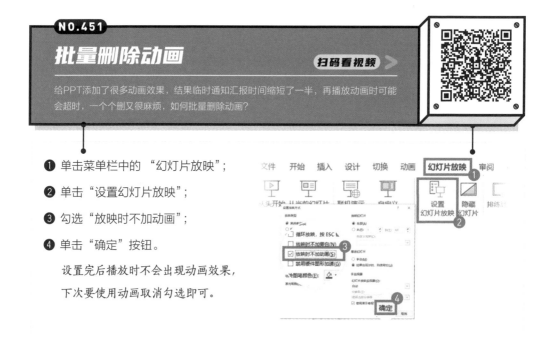

NO.452

设置动画循环播放

扫码看视频 ▶

通常我们都会借助动画来对重点内容进行强调，但默认动画播放次数是一次，可能观众没有察觉到，能不能让动画循环播放？

❶ 单击菜单栏中的 "动画"；

❷ 单击 "动画窗格"；

❸ 选中动画，单击鼠标右键选择 "效果选项"；

❹ 单击 "计时" 修改 "重复" 的次数；

❺ 单击 "确定" 按钮。

NO.453

设置动画自动翻转

扫码看视频 ▶

在使用路径动画或强调动画时，经常需要动画播放结束后，按照原来的路径倒退，如何让动画实现自动翻转？

❶ 单击菜单栏中的 "动画"；

❷ 单击 "动画窗格"；

❸ 选中动画，单击鼠标右键选择 "效果选项"；

❹ 单击 "效果 – 自动翻转"；

❺ 单击 "确定" 按钮。

　　强调动画和路径动画才有翻转选项。

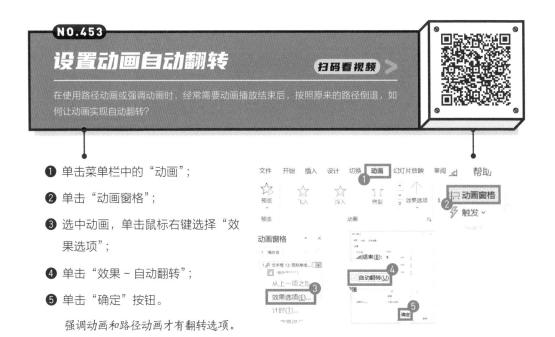

NO.454

添加动画音效

扫码看视频 >

有些动画需要配合特定的音效来强化视听效果，如何给动画添加音效？

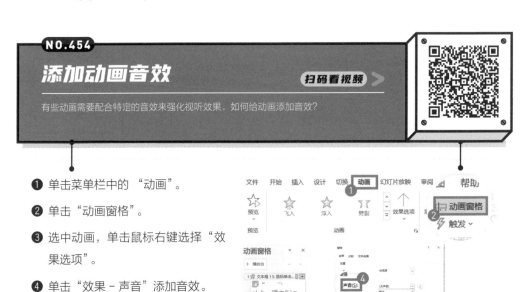

❶ 单击菜单栏中的 "动画"。

❷ 单击 "动画窗格"。

❸ 选中动画，单击鼠标右键选择 "效果选项"。

❹ 单击 "效果 - 声音" 添加音效。

　　除了默认的音效外，单击 "其他声音" 可自定义插入音效。

❺ 单击 "确定" 按钮。

NO.455

设置动画触发器

扫码看视频 >

做抽奖相关的动画时，经常希望单击某一个特定的元素才会触发特定的动画效果，避免泄露其他信息，如何给动画设置触发器？

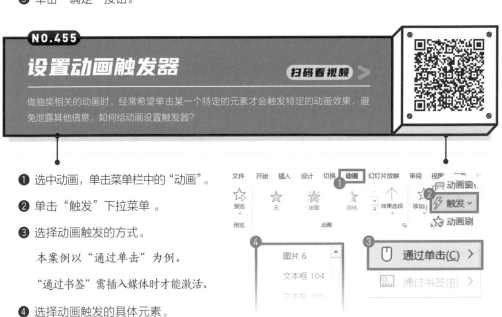

❶ 选中动画，单击菜单栏中的 "动画"。

❷ 单击 "触发" 下拉菜单。

❸ 选择动画触发的方式。

　　本案例以 "通过单击" 为例。

　　"通过书签" 需插入媒体时才能激活。

❹ 选择动画触发的具体元素。

NO.456

添加切换动画

扫码看视频 >

在翻页的时候经常会添加页与页之间的切换动画效果，那么该如何来设置？

❶ 选中页面，单击菜单栏中的"切换"；

❷ 单击"切换到此幻灯片"下拉菜单；

❸ 选择要添加的切换动画。

"切换动画"是页与页间的动画效果，

"动画"是同一页面的动画效果。

软件版本不同，切换动画数量也不

同，本书以 Office 365 版本为例。

NO.457

调整切换动画方向

扫码看视频 >

默认的切换动画出现的方向不符合自己的要求，如何才能调整切换动画的方向？

❶ 单击菜单栏中的 "切换"。

❷ 选中页面，添加"切换效果"。

本案例以"推入"动画为例。

❸ 单击"效果选项"。

❹ 选择动画的方向。

不同的切换动画效果选项不同。

NO.458

批量添加切换动画

扫码看视频 >

领导要求给所有PPT页面添加淡入的切换动画，上百张PPT一张张设置非常麻烦，有没有什么方法能够快速批量添加？

❶ 单击菜单栏中的"切换"。

❷ 先选择一个切换的效果。

   本案例以"推入"动画为例。

❸ 单击"应用到全部"。

   如果个别页面需要不同的切换效

   果，可以先应用到全部，再修改个

   别页面的切换动画，效率更高。

NO.459

添加切换动画音效

扫码看视频 >

页面之间播放切换动画时，需要添加特定的音效来强化视听效果，如何添加页面切换的动画音效？

❶ 单击菜单栏中的 "切换"。

❷ 先选择一个切换的效果。

   本案例以"推入"动画为例。

❸ 单击"声音"下拉菜单。

❹ 添加想要的音效。

   除了默认的音效外，单击"其他声

   音"可自定义插入音效。

NO.460

修改切换动画持续的时间

扫码看视频 >

有些切换动画默认的时间特别长，经常会打断演讲者的节奏，浪费宝贵的时间，如何修改切换动画持续的时间？

❶ 单击菜单栏中的"切换"。

❷ 先选择一个切换的效果。

本案例以"推入"动画为例。

❸ 修改"持续时间"的时长。

不同切换动画默认的持续时间不同。

NO.461

设置自动换片时间

扫码看视频 >

我们经常会把PPT做成类似视频的效果，放映后能够不需要干预，播放动画后自动跳转到下一页，那么如何设置幻灯片之间的换片时间？

❶ 选中页面，单击菜单栏中的"切换"；

❷ 勾选"设置自动换片时间"；

❸ 修改换片时长。

如果PPT里面有动画效果则会从动画效果全部播放结束那刻开始，经过修改的特定时间自动切换到下一页。

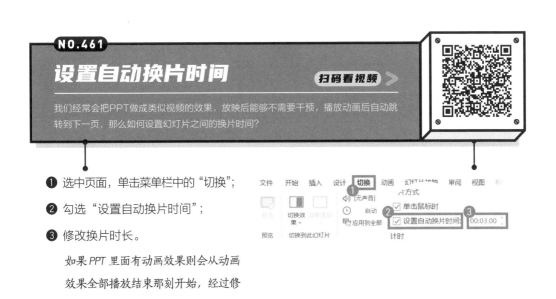

NO.462

将动画导出成视频

扫码看视频 >

相较于视频软件，PPT编辑功能强大，操作难度也比较低，所以很多人经常会把PPT添加完动画之后，导出成视频文件，那么如何将动画导出成视频？

❶ 单击菜单栏中的 "文件"。

❷ 单击"导出"。

❸ 单击"创建视频"。

❹ 修改画质大小与放映时间等参数。

　画质越高越清晰，但文件也会越大。

❺ 单击"创建视频"。

❻ 选择保存的文件夹并设置文件名。

❼ 单击"保存"按钮。

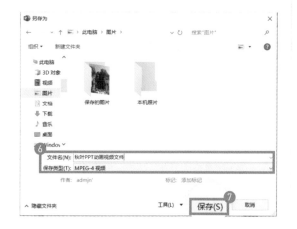

NO.463

将动画导出成GIF

扫码看视频 >

以往要将动画导出为GIF动图时，经常需要借助录屏软件或专业的GIF工具来完成，但在最新版本的Office中，已经能够支持导出GIF动画了，那么该如何操作？

❶ 单击菜单栏中的"文件"。

❷ 单击"导出"。

❸ 单击"创建动态 GIF"。

❹ 修改画质大小与放映时间等参数。

　画质越高越清晰，但文件也会越大。

❺ 单击"创建 GIF"。

❻ 选择保存的文件夹并对文件重命名。

❼ 单击"保存"按钮。

NO.464

插入视频文件

扫码看视频 >

做PPT演示的时候经常需要播放视频，每次都要退出PPT播放视频文件，很麻烦。能不能直接把视频文件插入PPT？

❶ 单击菜单栏中的"插入"；

❷ 单击"视频"下拉菜单；

❸ 单击"PC上的视频"；

❹ 找到要插入的视频文件；

❺ 单击"插入"按钮。

用 *Office 2010* 及以下的版本演示时，视频会变成图片无法播放。

NO.465

插入音频文件

扫码看视频 >

做学术申报PPT的时候，做好PPT之后经常需要插入相应的音频，然后上交申报，如何才能插入音频文件？

❶ 单击菜单栏中的 "插入"；

❷ 单击"音频"下拉菜单；

❸ 单击"PC上的音频"；

❹ 找到要插入的音频文件；

❺ 单击"插入"按钮。

NO.466

转换视频/音频格式

扫码看视频 ≫

在PPT中插入视频或音频时，经常会发现播放不了或出现各种各样的错误提醒，可能是因为格式出现了问题，那么，有没有办法修改视频或音频的格式？

❶ PPT 支持插入的"视频"格式见右图：

以 *Office 2013* 版为例，表格内容来自 *Ofiice* 帮助文档。

文件格式	扩展名
Windows Media 文件	.asf
Windows 视频文件	.avi
Mp4 视频文件	.mp4、.m4v、.mov
电影文件	.mpg、.mpeg
Adobe Flash 媒体	.swf
Windows Media视频文件	.wmv

❷ PPT 支持插入的"音频"格式见右图：

以 *Office 2013* 版为例，表格内容来自 *Ofiice* 帮助文档。

文件格式	扩展名
AIFF 音频文件	.aiff
AU 音频文件	.au
MIDI 文件	.mid 或 .midi
Mp3 音频文件	.mp3
高级音频编码文件	.m4a、.mp4
Windows 音频文件	.wav
Windows Media Audio 文件	.wma

如果发现插入的视频或音频文件不符合上面的格式要求，就会导致文件无法正常播放，建议安装"格式工厂"软件进行转换，格式齐全，操作也非常简单。

– 转视频 –   – 转音频 –

NO.467

截取部分视频播放

扫码看视频 >

一段视频文件特别长，经常只需要用到其中的几十秒，自己又不会专业的剪辑软件怎么办？其实在PPT里面就可以轻松实现视频截取！

❶ 选中视频，单击菜单栏中的"播放"。

❷ 单击"剪裁视频"。

❸ 弹出窗口后移动起始滑块截取视频。

　绿色为起始滑块、红色为结束滑块。

❹ 单击"确定"按钮。

NO.468

取消视频播放声音

扫码看视频 >

大多数视频都是带有声音的，但有时候只希望视频出现画面来配合演讲人口述，那么，如何让视频播放时不播放声音？

❶ 选中视频，单击菜单栏中的"播放"；

❷ 单击"音量"下拉菜单；

❸ 单击选中"静音"。

　如果想要视频播放有声音，取消勾选静音，选择合适的音量即可。

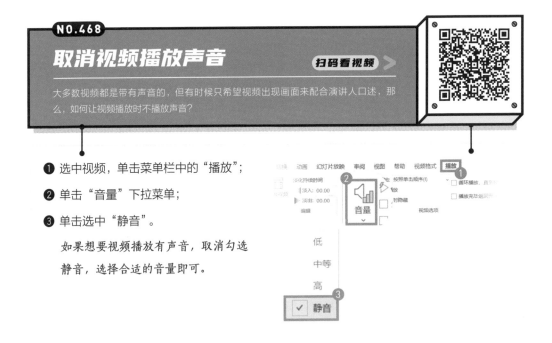

NO.469

控制视频播放方式

扫码看视频 >

视频作为演示的素材，通常需要配合演讲者演讲的节奏，在需要播放的时候播放。那么，如何自由控制视频播放的方式？

❶ 选中视频，单击菜单栏中的"播放"；

❷ 单击"开始"下拉菜单；

❸ 选择想要的视频播放方式。

　　"按照单击顺序"：单击哪里都能播放；

　　"自动"：切换到当前页会自动播放；

　　"单击时"：必须单击视频播放按钮才能播放。

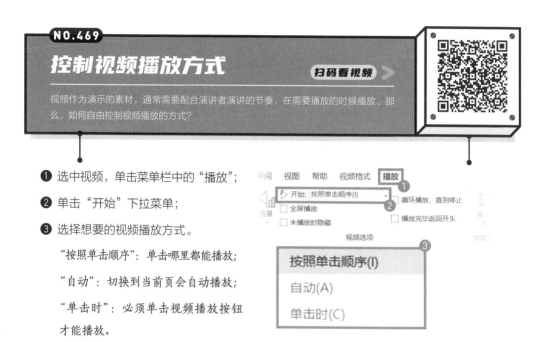

NO.470

视频放映时全屏播放

扫码看视频 >

视频放在PPT中，旁边通常可能还要放置内容，导致视频看起来比较小，放映时后排的观众会看不到，如何让视频在放映时自动撑满全屏？

❶ 选中视频，单击菜单栏中的 播放"；

❷ 勾选"全屏播放"。

　　只有轮到视频播放时才会全屏播放，退出全屏时会保持PPT中原本的大小。

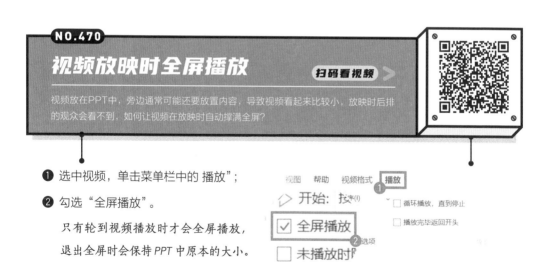

NO.471

视频循环播放

扫码看视频 >

一段视频可能很短，演讲者还没讲完画面就静止不动了，显得比较尴尬，能不能让视频循环播放直到演讲者翻页？

❶ 选中视频，单击菜单栏中的"播放"；

❷ 勾选"循环播放，直到停止"。

视频播放完会自动从头继续循环开始播放，直到演讲者切换到下一页时视频才会停止。

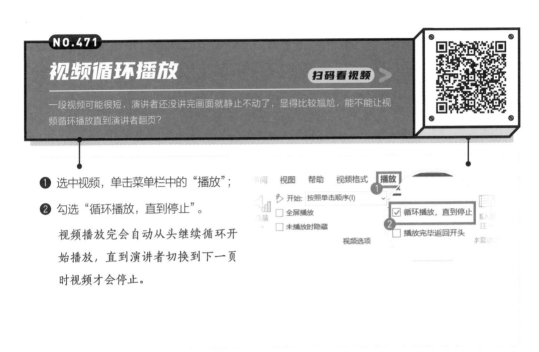

NO.472

控制视频播放顺序

扫码看视频 >

一页PPT可能有动画或有多个视频文件，如何自由控制视频播放的先后顺序？

❶ 单击菜单栏中的"动画"；

❷ 单击"动画窗格"；

❸ 调整视频播放的顺序。

视频或音频插入 PPT 时，同样可以在动画窗格中来调整播放的顺序与控制播放的方式。

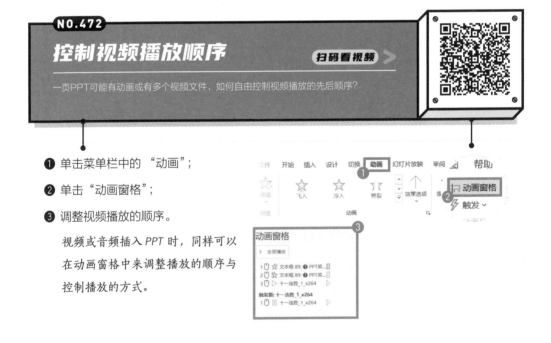

NO.473

音频从头到尾播放

扫码看视频 >

在做主题演讲时，有时候希望全程都有背景音乐来烘托氛围，但是很多人发现每次音乐只在其中一页播放，如何让音乐从头到尾播放？

❶ 选中音频，单击菜单栏中的"播放"；

❷ 勾选"在后台播放"。

放映时，音乐会一直在后台播放，不会受到 PPT 翻页的影响，音乐结束后会循环播放，直到幻灯片结束。

NO.474

多段音频接连播放

扫码看视频 >

在播放音乐的时候，有多段音乐接连播放，比如我们要让PPT开头前5页播放一个音乐，第6页至第10页播放另外一个音乐，应该如何来设置？

❶ 单击菜单栏中的"动画"；

❷ 单击"动画窗格"；

❸ 选中音频，单击鼠标右键选择"效果选项"；

❹ 在停止播放中修改为 5 页幻灯片后。

这样音频播放到第 5 页结束后会停止，然后在第 6 页幻灯片插入另一个音频，到第 6 页时会开始播放另一个音频。

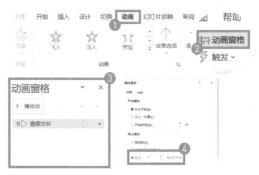

第4篇 >>>
通用技巧篇

NO.475

Office软件的打开

扫码看视频 >

想要使用Office软件，那自然得先打开才行，你知道有多少种打开Office软件的方法吗？

以 Windows 10 系统为例，介绍两种通用的方法。

方法一：

❶ 单击屏幕左下角的"开始"按钮；

❷ 在弹出的菜单中找到并单击对应的软件按钮。

方法二：

❶ 按照方法一，执行到第❷步，右键单击对应软件按钮，选择"更多"-"固定到任务栏"；

❷ 单击桌面任务栏上的软件图标。

NO.476

搜索联机模板

扫码看视频 ≫

从2013版开始Office软件就支持搜索联机模板了，可能很多人还不知道，每次搜索模板都去网上找，具体该怎么做？

以 *PowerPoint（PPT）* 软件为例。

❶ 用前一条技巧打开 PPT 软件后，单击"新建"；

❷ 在"搜索联机模板和主题"框中输入你需要的关键词，比如"总结"；

❸ 按【Enter】键后，软件就会自动帮你搜索联机模板。

通过以上操作就可以在软件中搜索联机模板（请务必保证电脑联网），这个功能在 Word 和 Excel 中都适用。

NO.477

让软件帮你完成工作

扫码看视频 >

在微软Office 365付费订阅版的PPT和Excel软件中，新增了两个人工智能功能，可以帮助我们快速完成PPT页面的制作和Excel数据分析，快来看看怎么用吧！

在 PPT 软件中，人工智能的功能叫做"设计灵感"，具体用法如下。

❶ 打开一份包含标题和正文内容的幻灯片，如右图所示。

市场营销四大突破点

个人管理能力的加强
团队整体作战力的提高
市场的稳定与分级管理
产品的盘点与优化组合 ❶

---

❷ 单击菜单栏中的"开始 - 设计灵感"。此时软件右侧会弹出"设计理念"的窗格，软件会根据内容给出相应的幻灯片排版设计。

❸ 在"设计理念"窗格中单击合适的设计方案，软件会自动为幻灯片套用设计方案，完成内容的自动排版。

Excel中的人工智能功能介绍见下页。

在 Excel 软件中，人工智能功能叫做"创意"，使用前需要确保自己的表格是标准的一维表，且使用快捷键【Ctrl+T】转换为智能表格，如右图所示。

	A 年	B 类别	C 产品	D 销售量	E 评级
2	2017	部件	车链	¥ 20,000	75%
3	2015	服装	袜子	¥ 3,700	22%
4	2017	服装	骑行短裤	¥ 4,000	22%
5	2015	服装	短裤	¥ 13,300	56%
6	2017	服装	紧身衣	¥ 36,000	100%
7	2015	部件	车把	¥ 2,300	35%
8	2016	服装	袜子	¥ 2,300	28%
9	2016	部件	刹车	¥ 3,400	36%
10	2016	自行车	山地自行车	¥ 6,300	40%
11	2017	部件	刹车	¥ 5,400	38%
12	2016	配件	头盔	¥ 17,000	90%

❶ 单击菜单栏上的"开始"－"创意"。此时软件右侧会弹出名为"创意"的窗格，软件会根据表格内容给出不同维度的数据分析或图表创意。

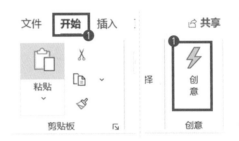

❷ 在"创意"窗格中找到感兴趣的字段需求，然后单击对应选项左下角的加号，即可插入。

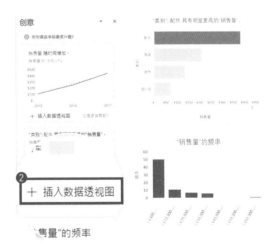

NO.478
文件的保存与另存为
扫码看视频 ≫

无论是表格、文档，还是幻灯片制作完成后都需要保存到本地电脑，保存的操作大同小异，但是每个软件能够保存为的文件格式又有不同。

❶ 保存的快捷键是【Ctrl+S】。

　PPT 默认的文件格式是"pptx"；
　Excel 默认的文件格式是"xlsx"；而
　Word 默认的文件格式是"docx"。

如果需要将编辑的文件另存到其他位置，则需要使用另存为功能。

❷ 另存为的快捷键是【F12】或
　【Ctrl+Shift+S】。

　Word、Excel、PowerPoint 支持另
　存为的文档格式有很多，具体类型
　与区别请扫描右侧二维码，查看官
　方说明。

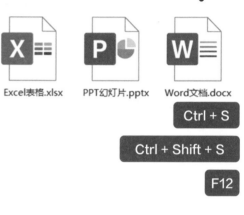

Excel表格.xlsx　　PPT幻灯片.pptx　　Word文档.docx

Ctrl + S

Ctrl + Shift + S

F12

NO.479

修改最近使用文档的数目

扫码看视频 >

打开软件之后，会看到最近使用的文档、表格或演示文稿，时间稍远一点儿估计就想不起来用了什么了，有没有方法可以增加显示的文件数目？

Office 软件中设置的方法都是一样的，所以这里以 PPT 软件为例作为演示。

❶ 单击"文件"；

❷ 单击"选项"；

❸ 在弹出的对话框中切换到"高级"；

❹ 在"显示"模块修改"显示此数量的最近的演示文稿"的数字；

❺ 修改完成后，就能在打开软件之后看到最近使用过的文档了。

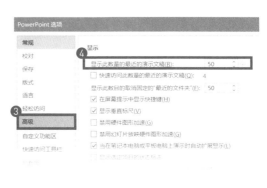

NO.480

修改可取消操作数

扫码看视频 >

在文档中做出修改之后如果想回到前面某一个状态就需要使用撤销功能，但是软件默认的可撤销操作数比较低，如果超出这个数量就没办法撤销了，该怎么办？

Office 软件中设置的方法都是一样的，所以这里以 PPT 软件为例作为演示。

❶ 单击"文件"。

❷ 单击"选项"。

❸ 在弹出的对话框中切换到"高级"。

❹ 在"编辑选项"模块修改"最多可取消操作数"的数字。

　　最大可设置为 150。

❺ 修改完成，就能安心地取消操作了。

　　撤销操作的快捷组合键是【Ctrl+Z】。

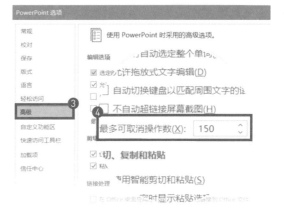

NO.481

修改文档自动保存时间

扫码看视频 >

在对文档进行编辑的时候，如果遇到突发状况如停电电脑关机，你又没有及时保存，这得有多难受，想不想让软件自动帮你保存文件？

Office 软件中设置的方法都是一样的，所以这里以 PPT 软件为例作为演示。

❶ 单击"文件"；

❷ 单击"选项"；

❸ 在弹出的对话框中切换到"保存"；

❹ 在"保存演示文稿"模块，勾选修改"保存自动恢复信息时间间隔"后面的数字，最小可设置为 1 分钟，建议自动保存的时间间隔为 5~10 分钟，间隔太小会导致软件频繁自动保存，出现卡顿。

通过以上操作就可以让软件自动帮你保存文档了，保存的快捷组合键为【Ctrl+S】。

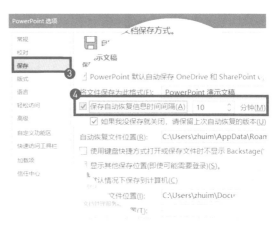

Ctrl + S

NO.482

检查是否有不兼容的内容

扫码看视频 >

使用高版本软件编辑文件后，如果用其他电脑上的低版本软件打开可能会出现或多或少的排版错位，该如何提前避免这种情况的发生？

Office 软件中设置的方法都是一样的，所以这里以 PPT 软件为例作为演示。

❶ 单击"文件"；

❷ 单击"信息"；

❸ 在右侧的对话框中选择"检查问题"；

❹ 在展开的面板中选择"检查兼容性"。

通过以上操作，软件就会自动检查当前文档是否存在低版本软件无法正常显示的内容与格式，最终检查结果会在兼容性检查器中显示，告诉你哪一页出现什么问题。

NO.483
清空历史文档使用记录 　扫码看视频 ＞

在使用过软件之后，如果不想让其他人看到自己的文档使用记录，该怎么办？

Office 软件中设置的方法都是一样的，所以这里以 PPT 软件为例作为演示。

❶ 单击"文件"；

❷ 单击"打开"；

❸ 右键单击右侧窗口中任意一个使用过的演示文稿；

❹ 在弹出的菜单中单击"清除已取消固定的项目"。

通过以上的操作就可以完成历史文档记录的清除了。

NO.484

为Office文档加密

扫码看视频 >

制作好的文档如果只想让拥有密码的人才能打开该怎么办？

Office 软件中设置的方法都是一样的，所以这里以 PPT 软件为例作为演示。

❶ 单击"文件"；

❷ 单击"信息"；

❸ 在右侧的对话框中选择"保护演示文稿"；

❹ 在弹出面板中单击"用密码进行加密"；

❺ 在弹出的对话框中设置密码和确认密码。

通过以上的操作就可以完成对 Office 文档的加密保护了。

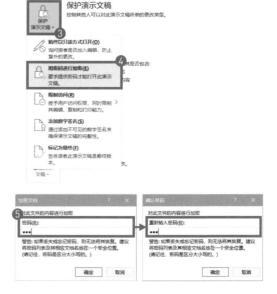

NO.485

将文档标记为最终状态

扫码看视频 〉

如果文档已经最终定稿，不想让其他人再更改了，就可以将文档设置为最终状态来提示对方，具体操作如下。

Office 软件中设置的方法都是一样的，所以这里以 PPT 软件为例作为演示。

❶ 单击"文件"；

❷ 单击"信息"；

❸ 在右侧的对话框中选择"保护演示文稿"；

❹ 在弹出面板中单击"标记为最终"；

❺ 保存后，软件会弹出提示，告知相关操作信息。

通过以上的操作就可以告诉读者此演示文稿是最终的版本了。

NO.486

将命令添加到快捷访问栏

扫码看视频 >

软件里面有很多功能都需要频繁地左键单击对应的菜单才能使用，有没有办法快速地使用常用的功能？

Office 软件的快捷访问工具栏一般在两个位置：功能区上方和功能区下方。

从左到右的功能按钮可以依次使用快捷组合键【Alt】+【1~9】快速打开。

超过 9 个的功能可以使用快捷组合键【Alt】+【0】+【1~9】/【A~Z】打开，具体的快捷键可以按【Alt】键显示。

方法一

单击对应的功能按钮，选择"添加到快速访问工具栏"。

> 添加到快速访问工具栏(A)
>
> 自定义功能区(R)...
>
> 折叠功能区(N)

方法二

单击快捷访问工具栏，选择"自定义快速访问工具栏"，参照技巧 NO.475 添加功能。

> 从快速访问工具栏删除(R)
>
> 自定义快速访问工具栏(C)...
>
> 在功能区上方显示快速访问工具栏(S)
>
> 自定义功能区(R)...
>
> 折叠功能区(N)

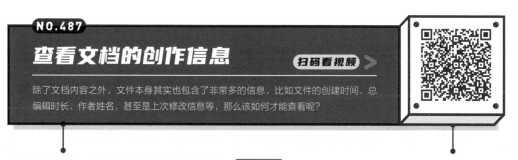

NO.487

查看文档的创作信息

扫码看视频 >

除了文档内容之外，文件本身其实也包含了非常多的信息，比如文件的创建时间、总编辑时长、作者姓名，甚至是上次修改信息等，那么该如何才能查看呢？

这里以 Word 软件为例，展示如何查看文档的创作信息。

❶ 单击菜单栏中的"文件"；

❷ 在新界面中单击"信息"；

❸ 可以查看作者和修改者信息；

❹ 单击"属性"-"高级属性"还可查看和编辑更为详细的属性内容。

通过以上操作，就可以实现查看和编辑文档信息。

NO.488

将文档导出为PDF

扫码看视频 >>

在Office软件中制作好了文档，如果担心把文件发送到其他电脑上查看会出现格式错乱，可以考虑将文档导出为PDF文件，具体该怎么操作呢？

这里以 Word 软件为例。

方法一：将文档打印为 PDF

❶ 按快捷组合键【Ctrl+P】切换到打印预览模式；

❷ 将"打印机"改为"Microsoft Print to PDF"；

❸ 单击"打印"，在弹出的对话框中单击"保存"按钮。

方法二：将文档导出为 PDF

❶ 单击菜单栏中的"文件"；

❷ 找到并单击"导出"-"创建 PDF/XPS 文档"；

❸ 单击"创建 PDF/XPS"；

❹ 在弹出的对话框中单击"发布"按钮。

通过以上两种方法，就可以将 Office 文档导出为 PDF 格式。

NO.489

安装Office插件

扫码看视频 ＞

Office软件功能已经非常强大了，但有些效果软件本身无法快速实现，这时就需要插件来帮助我们了，Office中有很多实用的插件，快来学习如何安装吧！

这里以在 PPT 软件中安装 iSlide 插件为例，介绍插件的安装方法。

❶ 在任意浏览器搜索插件的名字，前往插件官网下载插件安装程序。

需要根据操作系统下载 Windows 或 Mac 版本的插件，但大部分插件不具备 Mac 版本。

❷ 打开插件安装程序，按照程序提示完成插件安装。

❸ 安装完成后，即可在软件的菜单栏中看到 iSlide 插件的选项。

通过以上操作就能为Office安装插件。

361

NO.490
隐藏Office插件

扫码看视频 >

插件虽然很好用，但是如果同时安装了多个插件，会导致软件在启动的时候加载时间过长，使用过程中出现卡顿现象，进而导致软件崩溃，该如何隐藏平时不用的插件呢？

Office 软件中的插件，在类型上一般来说都是 COM 加载项，不用的时候可以取消加载，不需要完全卸载掉。这里以隐藏 PPT 软件中的 iSlide 插件为例，具体做法如下。

❶ 单击菜单栏中的"文件"；

❷ 在新窗口中选择"选项"；

❸ 在弹出的对话框中切换到"加载项"；

❹ 在对话框最下方，将管理改为"COM 加载项"，并单击"转到"；

❺ 在弹出的新对话框中取消勾选"iSlide Tools"并单击"确定"按钮。

通过以上操作就能完成插件的隐藏。

① 搜索"求字体网",单击上传图片。

② 选中字体的图片截图。

③ 单击"打开"按钮。

④ 单击"识图一下"。

⑤ 勾选下放最有特点的单字。

有些字体上传后会被拆散,可移动
字体碎片拼合成单字。

⑥ 单击"开始搜索"按钮。

通过这样的步骤就能够帮你识别图片
的字体,帮你筛选出可能的字体名
称,并且还提供相应的字体文件下载。

NO.492
下载特殊字体

扫码看视频 >

我们在制作PPT时，为了使画面效果更加出众，通常会选择使用一些特殊字体，但是电脑自带的字体没有，怎么办，如何下载电脑没有的字体？

❶ 搜索打开"求字体网"。

❷ 输入字体名称。

❸ 单击"搜索一下"。

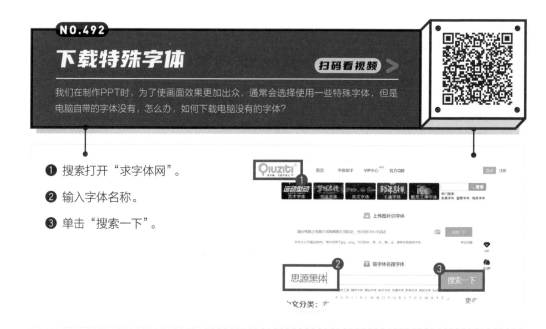

❹ 选择想要的字体，单击"下载"按钮。

字体网站通常会提供很多搜索结果，可以在左下角预览字体的具体名称及字体的效果。

❺ 单击"普通线路下载"。

单击下载后就会弹出窗口，选择字体文件保存的位置即可，若下载的人数较多，可多次刷新网页直至弹出下载窗口。

NO.493
安装特殊字体

扫码看视频 ＞

从网上下载的字体文件，很多人不知道如何安装到Office当中，那么，字体文件应该如何快速安装？

方法一

❶ 选中想要安装的字体文件；

❷ 鼠标右键单击字体，并单击"安装"。

　　单击安装后字体会自动安装到电脑中，但不会马上出现在 PPT 字体选项卡中，最好先关闭所有 PPT 文件再重新打开。

方法二

❶ 打开"我的电脑 -C 盘"。

❷ 双击名为"Windows"的文件夹。

❸ 双击名为"Font"的文件夹。

　　该文件夹就是电脑存放字体的地方。

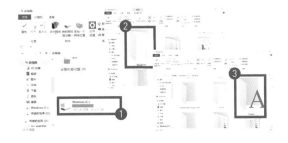

❹ 将要安装的字体文件复制到此文件夹。

　　通过这种方法可以批量安装字体，另外当需要将字体复制给别人时，也可以在此文件夹中找到对应字体文件。

　　另外，字体安装之后，可以将桌面中的字体文件删除，不会受到任何影响。

NO.494

嵌入特殊字体

扫码看视频 >

相信很多人都遇到过字体造成的演示"事故",自己精心设计的PPT换到另外一台电脑中演示时发现好看的字体全部丢失了,怎么办,如何避免这种情况?

方法一:在 PPT 中嵌入字体。

❶ 单击菜单栏中的"文件"。

❷ 单击"选项"。

❸ 弹出窗口后,单击"保存"。

❹ 勾选"将字体嵌入文件"。

❺ 选择"仅嵌入"或"嵌入所有字符"。

"仅嵌入演示文稿中使用的字符"指嵌入 PPT 中已有文本的字符,缺点是别人没这个字体,编辑文件时会丢失,优点是 PPT 文件大小会相对比较小。

"嵌入所有字符"相当于把整个字体嵌入 PPT 中,优点是方便别人编辑,缺点是 PPT 文件相对会比较大。

❻ 单击"确定"按钮。

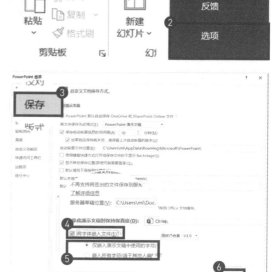

不过这个办法不是 100% 灵验,有些字体是不支持嵌入 PPT 中进行保存的。

保存时会弹出无法保存的窗口,这种情况下,只能换一种字体嵌入的方式,具体方法可看下一页。

方法二：将文字保存为 PNG 图片。

❶ 选中文本框，按快捷键【Ctrl+X】剪切；

❷ 单击鼠标右键，粘贴为图片。

这种方法有缺点，因为 PPT 存为图片时，清晰度不仅会降低，还不支持更改，而且只要是特殊字体都需要重新粘贴为图片，适合少量特殊文字的场合。

方法三：将文字转换为形状。

❶ 单击菜单栏中的 "插入"。

❷ 单击 "形状"。

❸ 单击 "矩形"，绘制一个矩形。

矩形一定要比文本大。

❹ 选中形状，按【Ctrl】键选中文本。

为了让大家看清楚把形状调成透明。

❺ 单击菜单栏中的 "形状格式"。

❻ 单击 "合并形状" 下拉菜单。

❼ 单击 "相交"。

通过这样的步骤可以将文本框变成形状，即便没有安装字体也不会丢失，而且还可以修改颜色。

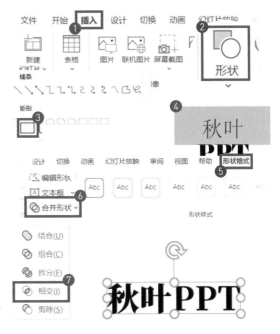

方法四：提前将字体安装到演示电脑中。

❶ 提前复制字体到演示的电脑中；

❷ 选中字体文件，单击鼠标右键选择 "安装"。

NO.495

将Word转换为PPT

扫码看视频 >

PPT的制作都是有Word文档内容支持的，如果需要把Word文档里的内容弄到PPT中，除了复制粘贴有没有更方便的办法？

❶ 按照 Word 篇技巧 NO.056 为文档内容应用好样式；

❷ 单击 Word 菜单栏中的"文件"；

❸ 在新页面中选择"选项"；

❹ 在弹出对话框选择"快速访问工具栏"；

❺ 将"从下列位置选择命令"改为"不在功能区的命令"；

❻ 将"发送到 Microsoft PowerPoint"命令选中，并添加到右侧；

❼ 单击 Word 快速访问工具栏上的"发送到 Microsoft PowerPoint"功能。

标题、标题1等大纲等级为1的样式将会被划分到单独的页面，其下的 2 级、3 级的大纲将会被划分到同一页。

通过以上操作就可以将 Word 里的内容直接转换为 PPT 文档了。

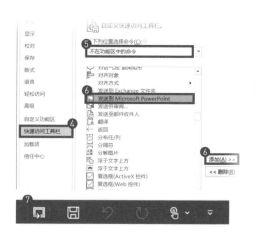

操作可以成功的前提是按照上一技巧将 Word 转换为 PPT。

❶ 打开 PPT 文件，按快捷键【F12】；

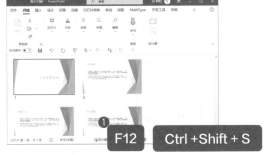

❷ 在弹出的窗口中单击【保存类型】，选择【大纲 /RTF 文件】；

❸ 单击"保存"按钮；

❹ 用 Word 软件打开保存的 RTF 文件。

通过以上操作就可以将 PPT 演示文稿转换为 Word 文档。

① 打开 Word 文件，按快捷键【F12】；

② 在弹出的窗口中单击【保存类型】，选择【网页】；

③ 单击"保存"按钮；

④ 在 Excel 软件中，单击"文件"；

⑤ 单击"打开"；

⑥ 在弹出的窗口中找到目标文件；

⑦ 单击"打开"按钮。

通过以上操作就可以实现 Word 表格完美复制到 Excel 的效果了。

NO.498

Excel图表同步至PPT

扫码看视频 >

很多人都是直接截图将Excel数据转移到PPT中，画质差、不能编辑、不能同步，如何将Excel表格导入PPT并实现清晰、可改、同步？

❶ 在 Excel 中复制所需要的表格；

❷ 按快捷组合键【Crtl+Alt+V】将 Excel 表格选择性粘贴到 PPT 中；

❸ 单击"粘贴链接"；

❹ 单击"Microsoft Excel工作表对象"；

❺ 单击"确定"按钮。

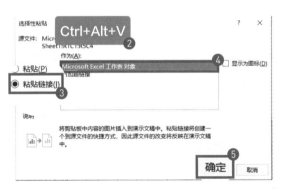

通过这样的步骤，可以将 Excel 表复制到 PPT 中，当在 Excel 中更改数据，再打开 PPT 时会发现已经同步更新了！

注意要移动文件时，需要将 PPT 文件与链接的 Excel 文件打包在一个文件夹内，否则会出现打开错误。

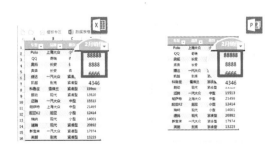

NO.499

借Word给PPT加注音

扫码看视频 >

在Word技巧NO.021里，介绍了在Word中给生僻字注音的功能，PPT中没有这个功能，该如何才能实现？

❶ 在 Word 中使用技巧 NO.021，给文字注音，并复制；

❷ 粘贴到 PPT 文件中。

通过以上操作就能给 PPT 的文字注音。

❷
耄(mào)耋(dié)

NO.500

同一单元格输入多行文本

扫码看视频 >

在Excel的单元格中想要输入多行文本，换行真的是非常困难，拆开多行，合并单元格只能保留第一行的内容，怎样才能输入多行文本？

❶ 在 Word 中输入文本；

❷ 在 Excel 中选中目标单元格；

❸ 将文本内容粘贴到编辑栏。

通过以上操作就能在 Excel 同一单元格中输入多行文本了。